梯度孪晶结构CrCoNi中熵合金
动态力学性能

■ 王 雷◎著

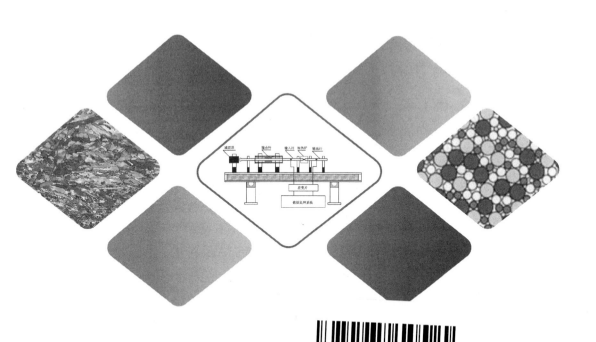

U0264387

中国石化出版社

·北京·

内 容 提 要

本书以 CrCoNi 中熵合金为研究对象，通过表面塑性变形来实现梯度孪晶结构的构筑。全书以 CrCoNi 中熵合金与表面塑性变形技术的介绍入手，研究了梯度孪晶结构构筑后的微观组织结构演化，以及相应的准静态与动态力学性能。另外，本书重点研究了孪晶结构对应变硬化的影响规律。

本书适合金属材料研究工作者，尤其适合从事梯度结构动态力学性能研究工作的老师及科研人员借鉴。

图书在版编目（CIP）数据

梯度孪晶结构 CrCoNi 中熵合金动态力学性能／王雷著. —北京：中国石化出版社，2024.9 —ISBN 978-7-5114-7641-8

Ⅰ. TG13

中国国家版本馆 CIP 数据核字第 2024YQ1051 号

中国石化出版社出版发行

地址：北京市东城区安定门外大街 58 号
邮编：100011　电话：(010)57512500
发行部电话：(010)57512575
http://www.sinopec-press.com
E-mail：press@sinopec.com
北京艾普海德印刷有限公司印刷
全国各地新华书店经销

*

710 毫米×1000 毫米 16 开本 10.25 印张 250 千字
2024 年 9 月第 1 版　2024 年 9 月第 1 次印刷
定价：68.00 元

PREFACE 前言

　　高性能金属材料研发是我国"十四五"期间新材料创新发展的重要战略。随着航空航天、国防军工领域的发展，极端服役环境对结构材料品质提出了更高要求。研发新一代应用于极端条件下的结构材料对国防工业现代化具有重大价值和现实意义，也是推动国产高性能装备升级的重要措施与必由之路。

　　传统合金材料已难以满足飞机起落架、喷气发动机等重要部件对极端服役环境不断提高的要求，而 CrCoNi 等中熵合金是可以实现突破的候选之一。已经发现，CrCoNi 中熵合金具备一些传统合金缺乏的力学性能，诸如高强度（1.0～1.5GPa）、高塑性（>50%）等。此外，CrCoNi 中熵合金材料的突出特点是在低温中具有良好的冲击断裂韧性（>350J），这与孪晶变形机制密切相关。然而，当温度升高到室温以上时，CrCoNi 中熵合金材料综合力学性能与冲击断裂韧性显著降低。这在很大程度上制约了其在较高温度（室温及以上）环境中的应用，已成为发展的一个瓶颈。

　　究其原因，主要在于堆垛层错能升高导致 CrCoNi 中熵合金内孪晶组织不易形成，这一技术瓶颈背后的核心科学问题尚未被认识清楚。本书采用预制梯度孪晶结构的方式对 CrCoNi 中熵合金材料进行宽温度域内的强化与增韧，以此突破 CrCoNi 中熵合金在室温及高温条件下难以利用孪晶机制的瓶颈。明确该结构对变形力、摩擦速度及循环次数等工艺参数的依赖关系，在此基础上，结合宽温度范围、不同应变率下的压缩、拉伸力学行为与断裂韧性研究，阐明了梯度孪晶结构中熵合金在较高温度条件下的冲击强化机制这一关键科学问题。

本书分为 6 章，通过第 1 章的文献综述来了解世界范围内关于 CrCoNi 中熵合金的力学性能研究，以及通过传统手段进行强化后 CrCoNi 中熵合金的性能改变与相应的变形机制。在第 2 章中介绍了梯度结构以及可以实现梯度结构构筑的不同手段及本书应用的表面塑性变形技术。在第 3 章中叙述了实验用 CrCoNi 中熵合金制备方法，表面塑性变形技术的应用及微观组织检测手段。还重点介绍了挤压后梯度孪晶结构 CrCoNi 中熵合金不同位置的微观组织。第 4 章对准静态力学性能测试方法进行简介，并对梯度孪晶结构 CrCoNi 中熵合金的准静态力学性能进行了分析。动态拉伸与压缩力学性能将在第 5 章进行讨论，第 5 章还将重点分析孪晶结构对于拉伸力学性能、应变硬化性能的影响，并通过微观结构分析力学性能变化的原因。第 6 章介绍了梯度结构 CrCoNi 中熵合金未来研究趋势与工作展望。

本书研究成果是构建了梯度孪晶结构 CrCoNi 中熵合金普适性设计理论与操作窗口，将为孪晶界面研究提供理论支撑，并且对中熵合金在宽温度域内冲击载荷作用下的应用提供重要指导。

本书在写作过程中，得到了西北工业大学航空学院在实验方面的支持。本书的出版获西安石油大学优秀学术著作出版基金资助，在此表示感谢。

由于作者水平有限，书中难免会有错误与疏漏之处，还请读者批评指正。

CONTENTS 目录

第1章

高熵合金与中熵合金简介

　　金属材料是人类社会发展所必需的重要物质基础，对人类社会发展进步具有重要的推动作用。从远古时代，人类文明就不断致力于开发新材料，从发现新金属到发明新合金，这些合金在数千年来发挥着关键的作用。几千年来，人类一直把金、银、铜、铁和锡等金属作为工具、器具、武器、饰品的主要材料。然而，纯金属的性能往往不能够满足生产的需要。工业革命之后的近百年来，人类开发了数量庞大的合金体系，材料加工技术更是飞速地发展，使人类的生活水平得到了明显提升。

　　中国是世界上最早研究和生产合金的国家之一，在距今 3000 多年前的商朝，青铜工艺已经十分发达。中国的青铜时代历经夏商、西周、春秋、战国和秦汉等朝代，将近 15 个世纪，是我国文化的重要组成部分。青铜器具有重要的历史价值、文化价值和艺术价值。我国古代拥有很多精美绝伦的青铜器，特别是其中的礼器(如后母戊鼎、人面方鼎、妇好方尊等)。此外，三星堆出土的凸眼大耳巨型人面具形象奇特，令人遐想外星人曾经入蜀，而湖北江陵出土的吴王夫差矛的冶铸精良也是令人赞叹不已。

　　人们为什么要生产和使用合金呢？原因在于合金的生成常会改善组成合金的元素单质的性质，例如钢的强度大于其主要组成元素铁。此外，尽管合金的物理性质(如密度、反应性、杨氏模量等)可能与合金的组成元素有类似之处，但是合金的力学性能(如抗拉强度、抗剪强度等)却通常与组成元素的性质有很大的不同。这是合金与单质中的原子排列有很大差异造成的。这样，人们可以得到适合不同应用场景的材料。例如，合金的导电性、导热性一般低于其中任一组分金属。利用合金的这一特性，可以制造高电阻和高热阻材料。此外，人们还研制出耐腐蚀、耐高温、有磁性甚至能储氢、可记忆的各类特种合金。

　　众所周知，传统合金都是以一种金属元素为主要元素，使其作为基本组元，再在此基础上添加不同的合金元素以获得具有某些特定性能,现在已经被人类广泛应用的如铁合金、铝合金、镁合金、钛合金等。随着科技的发展、人类需求的提高,尤其是对太空、深海探测的渴望,人类对材料物理和力学性能的要求越来越高,传统合金、传统制备方法已经很难满足这种需求,合金面临严峻的挑战。然而,传统合金体系的设计思想都是以一种或者两种组元为基本组元,在此基础上添加少量其他元素来改善其性能,这种设计思想导致合金的晶体结构、物理、力学性能皆受制于主元素,对合金的综合性能有不利影响,多组元合金正是基于这种思考发展起来的。

1.1　高熵合金简介

2004 年,中国台湾学者叶均蔚提出了一种全新的合金设计模式,开创了金属材料全新的研究领域——多组元高熵合金。这种设计模式打破了传统合金的设计思想,即合金不再以单一元素为主,而是采用多种主要元素为基本组元(图 1-1)。这种设计模式一经提出,便受到了学术界广泛的关注。高熵合金被认为是最近几十年来合金化理论的三大突破之一,是一个可合成、分析和控制的合金新世界,可以开发出大量的高技术材料,而且可以采用传统的熔铸、锻造、粉末冶金、喷涂法及镀膜法来制作块材、涂层或薄膜,对于传统的钢铁产业无疑是"柳暗花明又一村"。高熵合金通常包含 5 种以上的主要元素,各主要元素的原子分数在 5%~35%,其组织和性能在许多方面有别于传统合金。就实用性而言,若无法找到功能合适的传统合金,高熵合金或许可以适用。

自高熵合金的概念提出之后,便引起了人们对其研究的高度重视。由于高熵合金不仅具有优异的力学性能,还具有抗摩擦磨损、耐腐蚀、耐高温等性能,已成为未来最有发展潜力的新型材料之一。研究表明,在高熵合金领域,已有超过 30 种元素被使用到且有至少 300 种成分的高熵合金被研究开发出来(图 1-2),这些使高熵合金成为一个极其令人期待的新金属材料研究领域。

1.1.1　高熵合金制备方法

目前,根据合金制备的初始状态可以对高熵合金的制备方法加以分类。高熵合金的制备主要包括机械合金化+等静压、电弧熔炼和表面涂层(等离子喷涂和激光熔覆)等方法。

1.1.1.1　机械合金化

机械合金化是一种固态粉末加工技术,它是在高速搅拌球磨的条件下,利用金属粉末混合物的重复冷焊和断裂进行合金化的过程(图 1-3)。据报道,机械合金化具有从混合的元素或预合金粉末开始，合成各种平衡和非平衡合金的能力。机械合金化是针对金属粉末加工所特有的方法，常用来制备高温合金。机械合金化分3步进行：首先，将合金材料在球磨机中研磨成粉末；其次，用热等静压（HIP）同时压制和烧结粉末；最后，进行热处理，以消除在冷压缩期间产生的内部应力。机械合金化法已经成功地应用于制备适合高温条件使用的航空航天部件用合金。在高熵合金研究中，可利用机械合金化法来制备纳米尺寸合金粉体材料，或进而采用粉末冶金的方式制备块体材料。

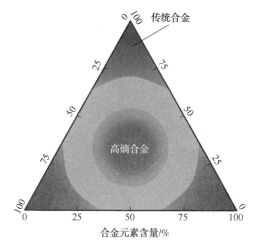

图1-1 高熵合金在相图中的位置示意

图1-2 面心立方结构
CrCoFeMnNi 原子结构

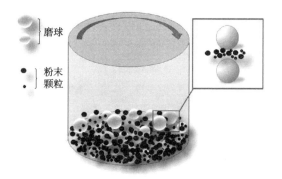

图1-3 机械合金化技术

1.1.1.2 电弧熔炼

电弧熔炼法是制备高熵合金最常用的一种方法（图1-4）。高熵合金的制备是通过在电弧熔炼炉中将各种合金元素反复熔化至少5次而实现的。通过控制电弧熔炼炉的电流大小,可以使电弧达到非常高的温度(>3000℃)。因此,大多数高熔点金属元素,在该炉内都可以实现熔化并在液态下完成互相混合。然而,电弧熔炼可能不太适合低熔点元素,因为在加热过程中这些低熔点元素很容易挥发,从而难以与其他元素实现较好的混合。在这种情况下,电阻加热或感应加热可能更适合这些低熔点合金元素的熔炼。

图 1-4　电弧熔炼技术

1.1.1.3　等离子喷涂

等离子喷涂工艺是一种液体加工方法。该方法主要是将高熵合金加热到熔融或半熔融状态,并以高速将熔融的离子体喷涂在预先选定的金属基材上,从而形成光滑的保护层(图1-5)。在此过程中,通过热喷枪中的可燃气体或电弧产生热量,使得充分细化的高熵合金粉末首先在已事先准备的基底上熔化,以形成喷雾沉积物;随着靶材被压缩气体逐渐加热,而最终转化为熔融状态,将限流加速的等离子体喷射至基底,并且撞击基底表面以使其平坦化并形成薄片,这些薄片与预制的基底表面彼此不规则性相容。此外,这些喷射的等离子体通过冷却彼此建立成内聚结构而积聚在基板上,并最终形成涂层。

图 1-5　等离子喷涂技术

1.1.1.4 激光熔覆

激光熔覆工艺具有以下优点：加热快冷却快，热影响区小，可以形成均匀致密的包裹层，形成较少的微观缺陷，微熔敷易实现，稀释率极低。该技术与等离子喷涂相似，因为两种方法都具有熔化施加于基底上的原料的能量源。激光熔覆将集中的激光束作为热源，并同时熔化基底材料，这将导致施加原料与基底实现冶金结合，使两者之间具有优异的结合强度。激光熔覆工艺的另一个优点是可以将激光束聚焦并集中在非常小的区域上，这使得衬底的热影响区非常浅，该特征使得基板的冶金开裂、变形及转变的机会最小化(图1-6)。此外，较低的总热量使得材料从衬底的稀释度最小化。

图1-6　激光熔覆技术

1.1.2 高熵合金的应用

1.1.2.1 高温性能的应用

无论何种类型，热机的效率均随着温度的升高而增加。如核能、燃煤和燃油等发电行业中，工作温度的升高可以降低燃料消耗、污染和运行成本。在喷气发动机工业中，工作温度的增加可使性能改进，例如更重的有效载荷、更大的速度和更大的范围的组合等。目前发动机主要部件材料的开发还是集中在 Ni 基高温合金材料上，但由于其初始熔点大约在 1300℃，镍基高温合金适用温度仅在 1160～1277℃。因此，开发具有更优异高温性能的发动机部件材料至关重要。研究表明，这两种耐火高熵合金(High-Entropy Alloys，HEAs)在 1600℃时的屈服强度超过 400MPa，远高于 Inconel 718 Ni 基高温合金在 1000℃ 的屈服强度(低于 200MPa)。热机的开发需要进一步改善发动机部件材料的高温性能。与 Ni 基高温合金相比，HEAs 在高温下具有更高的稳定性、更低的成本和密度、正的晶格失配，表明这些合金由于具有吸引人的高温机械性能，有可能取代 Ni 基高温合金作为下一代高温材料。

1.1.2.2 断裂韧性的应用

材料的断裂往往关乎安全问题，一般来说，根据失效应变可分为脆性和韧性断裂。脆性断裂没有塑性变形的迹象，通常以灾难性方式发生，对开发具有卓越性能的新型金属材料具有重要意义。据报道，当温度从298K下降到77K时，CrCoMnFeNi高熵合金的断裂韧性几乎保持恒定，而CrCoNi高熵合金的断裂韧性略微增加。在这些HEAs中，没有出现像钢、非晶合金、镁合金、多孔金属和纳米金属等传统合金那样尖锐的韧脆转变，表明这些合金可能是极端寒冷条件下应用的优良候选材料，例如作为船体、飞机和低温储存罐的材料等。

1.1.2.3 耐腐蚀性的应用

我国每年因腐蚀而引起的材料浪费极其严重，研究和开发耐腐蚀性较好的材料对资源的节约具有重要意义。Zhang等通过激光表面合金化方法，在304不锈钢上制备了具有良好冶金结合性能的FeCoCrAlNi涂层，结果表明：FeCoCrAlNi涂层的显微硬度是304不锈钢的3倍，在3.5%的NaCl溶液中，其抗空蚀性能是304不锈钢的7.6倍左右，电流密度比304不锈钢降低了一个数量级。Ye等采用激光表面合金化的方法制备了CrCoMnFeNi涂层，并在3.5%的NaCl和0.5mol/L H_2SO_4 溶液中进行了电位动态极化试验，结果表明：HEAs涂层的耐蚀性能均优于A36钢基体，腐蚀电流甚至低于304不锈钢。高熵合金作为一种新开发的多主元合金，突破了基于单一多数主体元素的传统合金的设计限制，具有提高耐腐蚀性的潜力。这表明这些具有优异的内在耐腐蚀性的新型合金，在恶劣环境的应用中具有巨大的经济效益。

1.1.3 高熵合金的四个核心特点

高熵合金是一种新型合金，其独特之处是具有五大效应，这使得它在许多领域都具有广泛的应用前景。如图1-7所示，首先，高熵效应使得高熵合金具有出色的抗冲击性能，能够在极端环境下保持稳定性。其次，晶格畸变效应使得高熵合金的物理和机械性能得到显著提升。再次，迟滞扩散效应使得高熵合金的原子扩散速度减缓，从而影响其热处理和相变行为。最后，"鸡尾酒"效应使得高熵合金的成分之间相互补充，产生协同作用，从而获得优异的性能。

图1-7 高熵合金五大效应

1.1.3.1 高熵效应

高熵效应是中高熵合金独有的熵值特性，通过引入多种元素并使其在晶体中排列相对随机，合金的熵值得以显著提高。这一独特现象在材料科学领域引起广泛关注，为合金设计和性能优化提供了新的途径。

高熵效应的核心特征在于合金中多元素的贡献，与传统合金相比，不再受到元素数量的限制，使得合金晶体中的原子位置更加随机，从而显著提高了熵值。这种高度混合的结构直接影响材料的力学和热力学性能。由高熵效应带来的熵值增加，使中高熵合金表现出更高的热力学稳定性。这种稳定性赋予了合金更高的熔点，抵抗了晶体相分离和固溶度极限的倾向，为材料在高温环境下的应用提供更大的操作窗口，增强了其耐高温性能。高熵效应导致的原子位置随机性降低了位错形成和传播的难度，使得中高熵合金表现出卓越的机械性能，包括更高的抗变形性和抗蠕变性，这对于在高温、高应力工况下的应用至关重要。

此外，高熵效应还在结构上引起显著变化，并通过合金中不同元素的相互作用，引入了额外的功能性质，如磁性、导电性、耐腐蚀性等。这种多功能性使得中高熵合金在不同领域的应用具有更广泛的可能性。

1.1.3.2 晶格畸变

中高熵合金中的晶格畸变效应是一项引人关注的关键特征，其核心在于晶体结构中原子位置的非常规排列。这一独特现象主要根源于合金中多元素的存在，这些元素具有各自不同的原子半径和化学性质，因此导致了晶格结构的非均匀性。这种非均匀性不仅表现为整体晶格的错乱和变形，更为重要的是在微观尺度上形成了复杂而多元的局部晶格结构。

晶格畸变效应的另一个显著特点是其随机性排列，这源自中高熵合金中元素的随机分布。因此，晶格畸变呈现出随机分布的特征，而这种畸变分布在微观尺度上显现为不规则的晶格结构，为宏观性质的变异性提供了基础，使合金的整体晶体结构更为复杂。这种晶格畸变效应不仅仅对材料的力学性能产生显著影响，引起了局部弹性模量、屈服强度等力学性质的变化，而且在受力时，畸变区域可能表现出非典型的变形行为，从而影响整体力学响应。与相变和相稳定性密切相关的是，晶格畸变可能引起晶体结构的改变，进而影响材料的相位。对晶格畸变对相变的影响进行深入的研究将有助于更好地理解合金的相稳定性和相变机制。

此外，晶格畸变对中高合金的电子结构也产生了显著影响。局部畸变可能导致能带结构的调整，影响电子的运动和能量带隙。这种电子结构的调控对于理解合金的电学性质和功能性能提供了重要的线索。

1.1.3.3 迟滞扩散效应

迟滞扩散效应是指在材料中，特别是中高熵合金中，由于非平衡条件下的某些因素，例如温度梯度、应力等，导致扩散行为发生迟缓或呈现出迟滞现象。这种迟滞扩散行为与常规的扩散过程有所不同，通常表现为扩散速率的非线性变化。温度梯度和应力是迟滞扩散效应中两个常见的因素。在材料的非平衡状态下，这些因素可以导致扩散过程受到阻碍或加速。温度梯度可能导致局部结构的畸变，从而影响扩散。应力也可能改变材料中的点缺陷浓度，进而影响扩散速率。迟滞扩散效应表现为非线性的扩散速率，即随着时间的推移，扩散速率可能出现变化。这种非线性行为通常可在材料的特定条件下观察到，例如在高温下或在应力场中。

1.1.3.4 "鸡尾酒"效应

"鸡尾酒"效应是中高熵合金中的一种独特现象，该效应的名称源于鸡尾酒的混合特性，其中许多成分相互融合，产生出令人惊艳的整体味道。在材料科学中，"鸡尾酒"效应描述了中高熵合金中多元元素的均匀分布，形成高度复杂、均匀的晶体结构，从而带来出色的性能和功能(图1-8)。其主要特征包括多元元素均匀分布，这使得每个部分都参与到材料性能的提升中。由于多元元素的均匀分布，晶体结构通常具有高度复杂性，增加了微观层面上的位错、晶界等缺陷，从而提高了材料的强度和耐久性。"鸡尾酒"效应还有效抑制了合金中各元素的相分离倾向，防止局部组织的不均匀性，有助于提高合金的综合性能。

在研究中高熵合金中的"鸡尾酒"效应时，关键的考虑因素包括多元元素的原子尺寸和电负性的平衡，以及实现高热力学稳定性。这种平衡的精确控制对于避免合金中元素相分离至关重要。在设计中高熵合金时，研究人员致力于确保多个元素在晶体结构中均匀分布，而不是在某些区域过度聚集。这种均匀分布的设计有助于优化材料的性能，从而提高其强度、硬度和其他关键特性。为了实现"鸡尾酒"效应，研究人员通常采用先进的制备技术，包括机械合金化、快速凝固、等离子体喷涂等。通过这些技术，研究人员能够更好地控制多元元素在合金中的分布，从而引导出期望的晶体结构。

1.1.3.5 短程有序性

高熵合金中的短程有序性是指在合金的原子排列中呈现出的一种有序性，但这种有序性仅存在于非常短的尺度范围内，与传统的长程有序性不同。在这种材料中，即便包含多种不同元素，原子在局部范围内仍可能形成一些有规律的结构。这种局部有序性的存在表明，在高熵合金中，原子通常形成小的集团而非按照传统晶体结构排列。这些集团可能由相似的元素组成，形成局部的有序结构。

为了描述这种有序性，研究人员引入了短程序参数，这是一种数学上的量，用于量化原子在短程尺度上的有序程度。

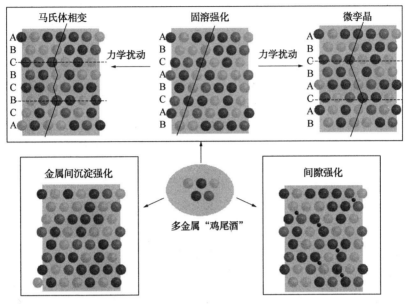

图1-8 "鸡尾酒"效应示意

短程有序性的形成机制是一个复杂的问题。原子尺寸、电负性、相互作用力等因素可能在形成这种局部有序结构时发挥关键作用。这种有序性的存在对高熵合金的性能产生着深远的影响，包括力学性能、热学性能等方面。

高混合熵可以促进多元素固溶体的形成。根据热力学平衡，高熵合金可以由简单相、两相、三相或更多相来获得最低的自由能，这取决于组成和温度。加工过程也可以通过动力学改变相。然而，合金整体性质是由组成相综合决定的，即晶粒形貌、晶粒尺寸分布、晶粒和相界以及各相性质的影响。每个相通常是一个浓固溶体(Concentrated Solid Solutions，CSS)，可以被视为原子级的复合材料。它们的复合性质不仅来自元素的基本性质，也来自元素之间的相互作用和严重的晶格畸变。因此，"鸡尾酒"效应是指从成分、结构、微结构等方面对材料性能的整体影响。

影响中高熵合金物理冶金的四个核心效应如图1-9所示，实线表示影响是直接的，虚线表示影响是间接的。在不同态的自由能中，需要考虑高熵效应，以确定平衡结构和微观结构以及走向平衡态的驱动力。缓慢的扩散效应影响相变过程中的成核和生长速率。严重的晶格畸变效应影响强度、应变率敏感性、延性等力学性能，以及电阻率、磁性等物理性能，从而影响各种性能与结构、微观结构之间的常规关系。此外，它还影响多种中/高熵合金的应变能、混合焓、晶格势能、扩散和恢复趋势。"鸡尾酒"效应是指从成分、结构、微结构等方面对产品性能的整体影响。除了基于成分的混合规则外，元素间的相互作用、扭曲的晶格和相分布使每种性质都有过量的表现。

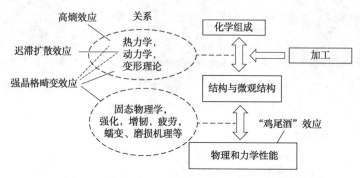

图1-9　物理冶金方案及4个核心效应的影响

尽管在加工或现场应用中，还有其他因素如应力、温度、应变速率等影响晶体结构、显微组织和性能，但其对高熵合金(中熵合金)的影响程度一般较低。由于这4个核心效应，高熵浓固溶体(High Entropy Concentration Solid Solution，HECSS)、中熵浓固溶体(Medium Entropy Concentration Solid Solution，MECSS)和低熵浓固溶体(Low Entropy Concentration Solid Solution，LECSS)的物理冶金原理可能与当前的物理冶金原理有所不同。目前的物理冶金主要处理纯金属和稀固溶体。除了形成单一的固溶体外，高熵合金还可以形成两个相或多个相。它们可以是化学计量化合物、有序浓固溶体(或中间相)和无序浓固溶体的混合物。因此，理解浓固溶体对理解多相高熵合金是很有帮助的。基于浓固溶体构型熵可以定义HECSS、MECSS和LECSS，具有熵效应的物理意义。物理冶金原理可能与目前以稀固溶体为主的物理冶金原理有所不同。四个核心效应在高阶固溶体中表现得越来越明显，对Ni(纯金属)、NiCo(LECSS)、NiCoFe(MECSS)、NiCoFeCr(MECSS或HECSS)、CoCrFeMnNi(HECSS)等一系列合金的物理性能表现出了核心效应，尤其是晶格畸变效应。

1.1.4　高熵合金的发展趋势

高熵合金优异的综合性能使得其适用范围广泛。高熵合金软磁性能优异，且在力学性能、加工性能上优于现有常规软磁材料；高熵合金高温稳定性、高温抗氧化性优异，可以应用在极端环境中；高熵合金具有高硬度、高强度的特点，可用作硬质刀具涂层；除此之外，高熵合金还可以用作光热转换材料、轻质合金材料、模具材料等。高熵合金可广泛应用在电机、变压器、机床工具、消费电子、发动机叶片、喷气飞机引擎、核聚变等众多领域。

高熵合金的非晶形成能力较强，某些高熵合金能在铸态组织中形成非晶相。而传统合金要获得非晶组织，需要极大的冷却速度将液态原子无规则分布的组织保留到室温。非晶态金属的研究是近年才兴起的，由于结构中无位错，具有很高的强度、硬度、塑性、韧性、耐蚀性及特殊的磁学性能等，应用也极为广泛。制备非晶态高熵合金无疑将进一步扩大高熵合金的应用领域。高熵合金的种类繁多，其显微结构和性能具有很高的研究价值。高熵效应是调控其显微组织和结构的主要因素。目前这一领域的关注点已经发展 7 个合金系列，每个合金系列包括 6~7 种元素，已经产生超过 408 种新合金。在这 408 种合金中含有 648 种不同的微观结构。研究发现，合金元素数量和加工条件对其显微结构有显著的影响。不同结构的高熵合金，呈现出不同的结构性能和功能特点。高熵合金独特的结构和广泛合金种类，为其结构化应用和功能化应用提供了基础。

高熵合金是一个全新的合金领域，它跳出了传统合金的设计框架、是具有许多优异性能的、特殊合金系，调整其成分可以进一步优化性能，因而具有极为广阔的应用前景。国内有关高熵合金的研究才刚刚起步，虽然有不少研究者开始关注此类合金的研究，但相关数据尚属实验室阶段，未真正进入实际应用阶段。若某种具体的高熵合金能够获得稳定、可靠、具有工业参考价值的实验数据，将真正、快速地推动高熵合金的研究和应用，在工业应用的各个领域将能看见高熵合金的身影。

1.2　中熵合金简介

中熵合金(Medium Entropy Alloy，MEA)同样含有多种基本元素，其浓度接近等原子浓度。这种等原子或近等原子比在 5%~35% 的各种元素所组成结构可以引起高熵效应，从而形成简单的固溶相，而不是形成复杂的金属间化合物。在中熵合金材料中，各种元素的存在引起严重的晶格畸变，从而导致大量固溶强化，提高了其力学性能。

中熵合金材料是指由 2~4 种元素等原子比熔融而成的合金，结构熵在 1~1.5R。中熵合金材料普遍具有较为简单的晶体结构和较低的堆垛层错能(Stacking Fault Energy，SFE)，并且具有一些传统合金(基于一个主元素设计的合金)所不具备的力学性能，如高强度、高塑性和低温下良好的断裂韧性等。由于其可能具备的许多理想性质，中熵合金材料成为最近几年来材料科学和力学学科研究的重点之一，受到了广泛的关注。

中国台湾叶建伟团队对低熵合金(Low Entropy Alloys，LEAs)、中熵合金和高熵合金进行了定义，并逐渐研究。这一新的组成概念促使许多研究者加入中/高熵合金及其相关材料的探索和开发中。中/高熵合金有两种定义：一种是基于成分；另一种基于构型熵。基于成分，高熵合金定义为包含 5 种或 5 种以上主要元素的合金，如式(1-1)所示，中熵合金则包含 2~4 种主要元素，如式(1-2)所示。每一种主要元素的原子分数在 5%~35%。且每一种微量元素的原子分数小于 5%。这个定义表示为：

$$\text{HEAs：} \quad n_{\text{major}} \geq 5, \ 5\% \leq x_i \leq 35\% \ \text{and} \ n_{\text{minor}} \geq 0, \ x_j \leq 5\% \tag{1-1}$$

$$\text{MEAs：} \quad 2 \leq n_{\text{major}} \leq 4, \ 5\% \leq x_i \leq 35\% \ \text{and} \ n_{\text{minor}} \geq 0, \ x_j \leq 5\% \tag{1-2}$$

式中　n_{major}，n_{minor}——主元素、次元素的数量；

　　　x_i，x_j——主元素 i、微量元素 j 的原子分数。

对于构型熵，高熵合金定义为室温下无论单相还是多相，均具有大于 $1.5R$ 的随机态构型熵的合金。可表示为：

$$\text{HEAs：} \quad \Delta S_{\text{conf}} \geq 1.5R \tag{1-3}$$

对中熵合金来说，将 $1R$ 作为中熵和低熵合金的边界，因为小于 $1R$ 的混合熵被认为与较大的混合焓的竞争要小得多，即，

$$\text{MEAs：} \quad 1.0R \leq \Delta S_{\text{conf}} \leq 1.5R \tag{1-4}$$

$$\text{LEAs：} \quad \Delta S_{\text{conf}} \leq 1.0R \tag{1-5}$$

其中随机 n 组分固溶体的 ΔS_{conf} 可由式(1-6)计算得出：

$$\Delta S_{\text{conf}} = -R \sum_{i=1}^{n} x_i \ln X_i \tag{1-6}$$

式中　R——气体常数，一般取 8.314J/(K·mol)；

　　　X_i——元素 i 的摩尔分数；

　　　n——固溶体中组分的数量。

根据定义，表 1-1 所示为一些传统合金的 ΔS_{conf}，其中 Ni 基、Co 基高温合金和 BMG，具有 1~1.5R 的中等熵，其余的都是低熵合金。

表 1-1　典型传统合金在液态或随机状态下的 ΔS_{conf}

种　类	合　金	液态 ΔS_{conf}
低合金钢	4340	$0.22R_{\text{低}}$
不锈钢	304	$0.96R_{\text{低}}$
	316	$1.15R_{\text{介质}}$
高速钢	M2	$0.73R_{\text{低}}$

续表

种 类	合 金	液态 ΔS_{conf}
Mg 合金	AZ91D	$0.35R_{低}$
Al 合金	2024	$0.29R_{低}$
	7075	$0.43R_{低}$
Cu 合金	7-3 黄铜	$0.61R_{低}$
Ni 基高温合金	Inconel 718	$1.31R_{介质}$
	Hastelloy X	$1.37R_{介质}$
Co 基高温合金	Stellite 6	$1.13R_{介质}$
BMG	Cu47Zr11Ti34Ni8	$1.17R_{介质}$
	Zr53Ti5Cu16Ni10Al16	$1.30R_{介质}$

根据组成和工艺的不同，中/高熵合金的微观结构可分为单相、双相或多相。中/高熵合金优异的性能可满足许多应用的需要，如工具、模具、机械零件，以及化工厂、集成电路(Integrated Circuit，IC)制造厂甚至船舶应用中的高强度防腐部件。此外，涂层技术可进一步扩大高熵合金材料在功能薄膜方面的应用，如高尔夫球杆头和滚轴的硬面、IC 中 Cu 互连的扩散屏障和高频通信的软磁薄膜。高熵合金概念不仅仅是一个简单的组成概念，它可能会产生一个新的、未知的领域，包括许多可能的材料、新现象、新理论和新应用。

新思界产业研究中心发布的《2024-2029 年中国中熵合金(MEA)行业市场深度调研及发展前景预测报告》显示，与传统合金相比，中熵合金机械性能好，具有优良的强度、硬度、耐磨性、耐热性、耐腐蚀性、热传导性、电子传导性、塑性等性能，但强度、硬度低于高熵合金。在常规制备工艺下，中熵合金的强度与塑性不可兼得，例如利用沉淀强化等工艺可进一步提高产品强度，但塑性会降低。

中熵合金可以广泛应用在航空航天、核工业、汽车交通、新能源发电、工业设备、电子、3D 打印等领域。例如，3D 打印(增材制造)可制造形状复杂零部件，金属粉末 3D 打印可获得应用在高技术产业领域的高强度结构件，能够采用的 3D 打印技术主要有选择性激光熔化(SLM)、电子束熔化成型(EBM)、激光粉末床熔融(PBF-LB)等，这些技术对金属材料的综合性能有一定要求，CoCrNi 中熵合金即可用于 PBF-LB 加工领域。

CoCrNi(钴铬镍)是一种典型的中熵合金，为面心立方结构，产品塑性高、高温强度高、低温力学性能好、耐腐蚀性好，但拉伸强度较低，在部分领域应用受到一定限制。除 CoCrNi 外，已开发问世的中熵合金还有 VCoNi（钒钴镍）、FeCrNiTa（铁铬镍钽）、FeMnCrNi（铁锰铬镍）等类型。

为进一步提高中熵合金性能，其配方及制造技术研究还在不断深入。中国科学院力学研究所团队对（CrCoNi）94Al4Ti2 中熵合金进行预时效–退火–后时效处理，获得了均匀分布的共格纳米沉淀相，材料强度与传统时效处理基本相同，且拉伸塑性（延展性）提高了两倍。

美国航空航天局（NASA）开发了氧化物弥散强化中熵合金（ODS-MEA），将纳米级陶瓷颗粒分布在金属中，材料在极端温度下抗蠕变性、拉伸强度等机械性能得到提高，可以应用于极端侵蚀、高温腐蚀、热疲劳负载情况下。

新思界行业分析人士表示，在全球范围内，中熵合金研究机构还有美国的劳伦斯伯克利国家实验室、宾夕法尼亚州立大学、加利福尼亚大学圣芭芭拉分校、亚利桑那州立大学，澳大利亚的新南威尔士大学，中国的中国科学院兰州化学物理研究所、西安交通大学、清华大学、华东理工大学、安徽工业大学等。

1.2.1 CrCoNi 系中熵合金研究现状

由高熵合金衍生的三元中熵合金已成为一个研究热点，因为其力学性能优于广泛研究的五元高熵合金。CrCoNi 中熵合金是在高熵合金基础上发展起来的一类重要的中熵合金材料，具有高强度、高塑性和准静态韧性等优点。如图 1-10 所示，横坐标为屈服强度，纵坐标为断裂韧性。和传统金属及合金等其他材料相比，圆圈所示多主元合金有着较强的屈服强度和断裂韧性。其中，CrCoFeMnNi 合金和 CrCoNi 合金都展现了优异的低温性能。此外，CrCoNi 合金的强度、延展性和韧性超过了所有中/高熵合金。

CrCoNi 合金是一种由铬（Cr）、钴（Co）和镍（Ni）组成的高熵合金。高熵合金是一种由五种或更多元素组成的合金，其各种元素的摩尔比相对均匀，这使得高熵合金具有独特的性能和特点。在 CrCoNi 合金中，铬、钴和镍是主要的合金元素，它们的比例可以根据具体的应用需求进行调整。

铬（Cr）是一种耐腐蚀金属，具有良好的耐热性和耐腐蚀性，因此在合金中起到增强合金耐腐蚀性能的作用。钴（Co）是一种具有良好磁性和耐高温性能的金属，能够提高合金的高温强度和抗氧化性能。镍（Ni）是一种常见的合金元素，具有良好的塑性和耐腐蚀性能，能够提高合金的强度和韧性。

CrCoNi 合金由于其高熵合金的特点，具有优异的高温强度、耐腐蚀性能和抗氧化性能，因此在航空航天、能源、化工等领域有着广泛的应用前景。通过调整合金元素的比例和添加其他合金元素，可以进一步改善 CrCoNi 合金的性能，使其更加适应不同的工程应用需求。总的来说，CrCoNi 合金的成分设计是非常重要

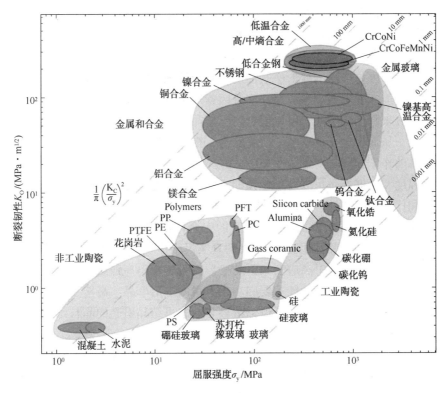

图 1-10 不同材料的断裂韧性与屈服强度的 Ashby 图

的，它直接影响着合金的性能和应用范围，因此需要在合金设计和制备过程中进行精细的调控和优化。

CrCoNi 系中熵合金的特点主要包括高强度、良好的成形性和断裂韧性。这种合金在高应变速率或低温下表现出优异的综合拉伸力学性能，是迄今为止已报道的工程材料中最优异的低温动态力学性能之一。此外，CrCoNi 中熵合金还具有优异的抗高温软化性能，例如在 800℃时，其硬度值仍可达 365HV，是 CrCoFeNi 高熵合金的 1.9 倍和 316L 不锈钢的 2.7 倍。

CrCoNi 中熵合金的高强度和优异性能主要归因于其在变形过程中会形成高密度的变形孪晶和 HCP 马氏体。这些孪晶和马氏体的形成对于合金的强韧化至关重要，通常是由相同柏氏矢量的肖克莱不全位错在连续的{111}面上滑移所产生的。此外，通过调整热力工艺参数可以改变纳米级的局部有序度，从而为调节中熵合金和高熵合金的机械性能提供新途径。

在应用方面，CrCoNi 中熵合金已经展示了其在高温环境下的优异性能，例如在 800℃时，其硬度值仍保持较高，显示出良好的抗高温软化性能。此外，通过激光定向能量沉积技术制备的 CrCoNi 中熵合金也表现出优异的力学性能，这为中熵合金的应用提供了新的制备方法和技术。

CrCoNi 中熵合金在低温下具有优异的强度和延展性，促成其低温下优异力学性能的关键原因是广泛的变形孪晶活动，它能够强化材料并促进塑性变形。众所周知，层错能、变形温度和应变速率等因素对变形孪晶倾向有显著影响。通过改变合金成分来降低层错能，可以促进变形孪晶。已有研究表明，降低温度也会降低层错能，从而促进变形孪晶。研究认为，提高变形应变速率与降低温度对促进变形孪晶的作用相似。考虑一些 HEA/MEA 由于明显的变形孪晶，在低温下具有优异的强度和延展性，可以合理地预期它们在高应变率变形过程中也会同时产生高强度和优异的延展性。Gao 等采用带冷却装置的霍普金森电磁拉杆系统，成功获得高应变率(2000s^{-1})及低温(77K)下的完全拉伸应力-应变曲线，得到了高达 1.8GPa 的真实极限拉伸强度和约 54%的真实极限应变。证明 CrCoNi 中熵合金在较宽的温度范围内，通过高应变率下的变形，可表现出高强度和优良延展性的特殊结合。这些优异的力学性能主要归功于大量的变形孪晶。高应变率和低温均促进形变孪晶的形成。变形孪晶、位错滑移和动态再结晶引起的晶粒细化增加了加工硬化和良好的拉伸应变。

在各种多组分金属合金中，面心立方(FCC)三元 CrCoNi-MEA 合金的强度和塑性均高于四元系和五元系，其抗拉强度接近 1GPa，断裂应变约为 0.6，断裂韧性超过 200MPa·m$^{0.5}$，它表现出高度温度依赖性的特性，在低温条件下强度会大幅提高，除此之外，研究人员还发现，CrCoNi 合金的塑性和断裂韧性也随着温度的降低而增加。CrCoNi 系是基于高熵合金(High Entropy Alloy，HEA)发展而来的一族重要 MEA 材料，其在高强度、高塑性以及准静态韧性方面具有比 HEA 材料更加优异的性能。例如，Laplanche 等发现，在 973～1073K 范围内，CrCoNi-MEA 表现出优于 CrCoFeMnNi-HEA 的强度、延展性和断裂韧性。

CrCoNi-MEA 材料通常经熔炼制备，孪晶变形机制是其低温条件下具有优异力学性能及较高韧性的重要原因之一。孪晶界面不仅能够起到阻挡位错运动的作用，而且位错能在孪晶界面处发生反应而缓解塞积造成的高应力状态，既能增加强度而且对韧性也有显著提升。与传统合金相比，CrCoNi-MEA 材料中孪晶变形机制引起的优异应变硬化性能是其在低温状态下具有显著的抗剪切局部化性能的主要原因。

陈艳等通过微观结构表征指出，CrCoNi-MEA 材料的高韧性是位错、高密度孪晶和相变共同作用的结果。开执中课题组通过添加 Ti、Al 元素对 MEA 材料进行析出强化，在不损失塑性的情况下，使其屈服强度与抗拉强度得到较大提升，研究发现即使有部分元素改变，变形机制仍以孪生为主。由此可见，CrCoNi-

MEA 材料之所以在低温具有优异的力学性能及准静态韧性，孪晶组织起到了至关重要的作用。

然而，随着温度升高，CrCoNi-MEA 材料强度、应变硬化能力及韧性均显著降低，如图 1-11 所示。造成这种温度效应的主要原因之一在于高温条件使中熵合金的堆垛层错能升高，而不利于孪晶的产生。另外，高温条件同时导致一定程度回复与再结晶作用，对 CrCoNi-MEA 材料强度及应变硬化产生不利影响，这已成为中熵合金发展的一个重要瓶颈。

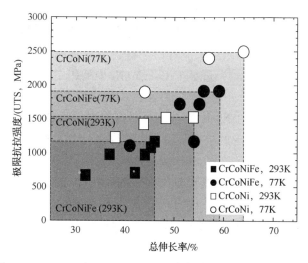

图 1-11 CrCoNi 与 CrCoNiFe-MEA 材料力学性能与温度的关系

1.2.2 中熵合金与高熵合金力学性能比较

FCC 型高熵合金和中熵合金材料以其优异的性能受到材料研究者的青睐。其中比较有代表性的为 CrCoFeMnNi-高熵合金（Cantor Alloy）以及 CrCoNi-中熵合金。通过对一系列 FCC 单相中熵合金材料与高熵合金材料进行研究，发现它们的屈服强度和极限抗拉强度都随温度的降低而显著提高。然而，这些单相 FCC 型中熵合金和高熵合金的力学性能与合金元素数量之间并没有绝对的对应关系。例如，相比含有较多元素的四元和五元合金，三元 CrCoNi 具有较高的屈服强度和硬度。在 298K 时，CrCoNi-中熵合金的屈服强度为 360MPa，高于 CrCoFeMnNi-高熵合金的 265MPa，且 CrCoNi-中熵合金的拉伸性能明显优于 CrCoMnFeNi-高熵合金。

在变形机制方面，塑性变形早期的 CrCoNi 与 CrCoFeMnNi 的变形行为相似。在相同晶粒尺寸下，CrCoNi 与 CrCoFeMnNi 孪晶的临界切应力也相当，且与温度基本无关。随着应变的增加，CrCoNi 的孪生临界切应力在较低的应变下提前达到。由于纳米孪晶可以使加工硬化更加稳定，导致 CrCoNi-中熵合金比 CrCoFeMnNi-高熵合金具有更优越的力学性能(极限强度、延展性和韧性)，并且随着实验温度的降低，强度和塑性同时增加。因此，纳米孪晶的形成是 CrCoNi 中的一种附加变形机制，导致 CrCoNi 的屈服强度和加工硬化率均高于 CrCoFeMnNi。

最近，有文章为孪晶的临界切应力提供了证据，虽然孪晶的体积分数很低，但严重阻碍了位错滑移，因此应变硬化行为明显提升。这一过程在力学上与孪生诱导塑性(TWIP)效应相似。许多研究表明，TWIP 效应是由典型的低 SFE 引起的，它使部分位错在相邻面上剪切形成纳米级孪晶区。Zaddach 等在 CoCrFeMnNi 系统和几个等原子和非等原子材料中重新测量 SFE 值，比较发现，SFE 从纯 Ni 中的 $120\mathrm{mJ/m^2}$ 下降到 CrCoFeMnNi 中的约 $20\mathrm{mJ/m^2}$，这与 TWIP 钢非常相似。

在室温和低温下，CrCoNi-中熵合金材料在变形过程中经历了相似的变形亚结构演化过程。在塑性变形的早期阶段，位错滑移是主要的变形方式。然而，随着塑性应变的增加，孪晶对 CrCoNi 中熵合金的变形行为起到重要的控制作用。HCP 结构的体积分数也随塑性变形过程而增加。在 CrCoNi 合金中观察到较大的应变硬化率可能是由于纳米 HCP 片层孪晶的形成，这对提高强度和延展性起着重要作用。由于动态霍尔-佩奇效应，HCP 层孪晶结构可以很大程度地阻碍位错滑移。CrCoNi 的 SFE 比 CrCoFeMnNi 低 25%，因而在 CrCoNi-中熵合金材料中更容易产生变形孪晶，纳米 HCP 片层使得 CrCoNi 合金比 CrCoFeMnNi 合金具有更高的硬化和拉伸强度。另外，低温下 HCP 结构体积分数明显高于室温下 HCP 结构体积分数，导致低温条件下应变硬化速率明显提高。

对于 CrCoNi-中熵合金材料，HCP 相更重要的作用是在冲击滑移系统上，HCP 相的形成阻碍了位错滑移。这些纳米 HCP 片层可能与低温下观察到的 CrCoNi 合金的强度和塑性提高有关。

综上所述，CrCoNi-中熵合金的极限抗拉强度和塑性比 CrCoFeMnNi-高熵合金高，原因至少有两个：①CrCoNi-中熵合金的屈服强度和加工硬化很高，这使得在较小的塑性应变之后更早地达到临界孪生应力，并且纳米孪晶在更大的应变范围内形成，导致合金的颈缩失稳得以推迟；②两种合金的孪晶临界应力基本上与温度无关，但屈服强度随温度的降低而增加，温度降低时 CrCoNi-中熵合金更容易达到孪生应力。因此，中熵合金材料中孪晶可以在一个更大的应变范围内进行，随着温度的升高，颈缩失稳推迟，强塑性组合提高。

尽管 CrCoNi-中熵合金显示出良好的结构及工程应用前景，但其力学性能在高温下仍然较差，尤其是 CrCoNi 在室温下屈服强度相对不足，限制了其在工程中的应用。Wu 等研究表明，当退火温度高于 500℃ 时，CrCoNi 的硬度降低，不足以满足高温结构应用的要求。因此，在高温条件下保持甚至提高 CrCoNi-中熵合金材料的强度具有重要意义。

1.3　中熵合金强韧性研究现状

1.3.1　相变强化对中熵合金强韧性的影响

中熵合金以其多元元素、均匀分布的独特结构而著称，然而，在高应力和高温环境下，其韧性仍然是一个值得探究的关键问题。相变强化作为一种重要的改性手段，为提高中熵合金的韧性提供了有效的途径。相变强化通过调控晶体结构，引入相变反应，可有效抑制中熵合金中可能存在的脆性相区域的形成。这种抑制作用有助于防止材料在受力过程中发生突然的断裂，从而提高整体韧性。特别是在多元元素均匀分布的中熵合金中，相变强化能够在微观层面上改善晶体结构的稳定性，减缓裂纹扩展速度，从而增加了材料的断裂韧性。

相变强化还能够引入晶体结构的局部畸变，从而在晶粒界面和晶粒内部引入多样性。这种多样性的存在有助于提高材料的抗裂纹扩展能力，增加了材料在极端条件下的韧性。相变强化通过局部的结构调控，创造了更多的塑性变形机制，为中熵合金的韧性提供了多样性的来源。相变强化还能够调节中熵合金的相位组成，从而在相变区域形成纳米级别的弥散相。这种弥散相的形成不仅能够增强材料的强度，同时也对晶格缺陷和裂纹的扩展产生影响，从而提高中熵合金的整体韧性。这种微观层面上的相变强化效应为中熵合金的韧性提供了可持续的提升潜力。

事实上，在传统高温合金的开发过程中，影响 MEA 和 HEA 在高温下力学性能的所有因素早已被考虑在内。因此，研究传统高温材料中使用的材料强化策略可以为在高温条件下强化 MEA 提供思路。为了提高 MEA 在高温下的力学性能，研究人员尝试了许多方法。添加合金元素是目前研究最广泛的方法之一。通过在 MEA 体系中引入合金元素，可以取代合金固溶体晶格位置的原子或填充间隙位置，导致体系晶格畸变，从而实现固溶强化、晶界强化和沉淀强化等附加强化效果。同时，合金元素可以将第二相引入系统中。当合金受到应力时，绕过第二相颗粒的位错运动会发生位错强化或合金元素，因为额外的第二相颗粒很细并分散在合金基体中，与合金形成非相干关系，最终可以提高材料的机械性能和韧性。

研究表明，当向 FCC HEA 中添加适当的元素时，可以在 FCC 软基体中形成硬 BCC 金属间相，从而有效增强 HEA 的强塑性协同作用。σ 相是一种众所周知的金属间相，具有优异的耐磨性、高蠕变强度，即使在高温下也能保持可接受的强度。在过去的几十年里，许多学者做出了巨大的努力，试图利用 σ 相来提高 MEA 的韧性。然而，合金中形成的 σ 相会导致其延展性显著降低，即使只有少量的 σ 相沉淀也会导致这种现象。

Wang 等发现，当 Fe-Cr-Ni 不锈钢合金中 σ 相的体积分数达到 5%时，抗拉强度可以提高 10%，但伸长率从 0.6 下降到 0.5，冲击韧性从 275J 下降到 65J。原则上，σ 相的脆性是由于其拓扑紧密排列的复杂原子结构。因此，为了弥补这一缺点，一些学者将二次韧性相与 σ 相结合形成双相金属复合材料进行了比较，试图进行增韧。

新设计的由 σ 相和 FCC 相组成的 $V_{20}Cr_{15}Fe_{20}Ni_{45}$ HEA 已被证明，当 σ 相的体积分数从 0%增加到 4%时，MEA 的断裂韧性从 $189MPa \cdot m^{0.5}$ 降低到 $160MPa \cdot m^{0.5}$，屈服强度从 352MPa 提高到 587MPa，如图 1-12 所示。这表明多主 σ 相可能不像传统的 σ 相那样脆。换句话说，通过调整多主合金的成分，可以开发出具有优异强度和高断裂韧性的新一代金属复合材料。后来，Chung 等开发了一系列具有 σ 相和 FCC 相的两相 $CrCoNiMo_x$($x=0.4$、0.6、0.7、0.83 和 1.0)MEA，并对其断裂行为进行了系统的研究。研究发现，随着 σ 相体积分数从 4%增加到 72%，两相 MEA 的断裂韧性(K_{Ic})从 $72MPa \cdot m^{0.5}$ 降低到 $8MPa \cdot m^{0.5}$。断裂韧性随裂纹长度的增加而增加。最终证明，σ 相 MEAs 的断裂韧性是内部机制(裂纹尖端钝化、裂纹尖端偏转和微裂纹成核)和外部增韧机制(分布微裂纹和裂纹桥接)的结合。

在研究合金元素对 MEA 力学性能影响的过程中发现，由于 MEA 与过渡金属元素之间的强相互作用，添加 Al 元素是一个重要的研究方向。Al 的相对原子量较低，但原子半径较长，这不仅提高了合金的强度，还降低了合金的密度，同时，Al 具有良好的塑性和韧性，也是多主成分合金中最常见的合金元素之一。另外，MEA 和 HEA 材料与过渡金属元素有很强的相互作用。研究主要集中在相稳定性和力学性能方面，Zhou 等报道了 AlCoCrFeNi 合金体系主要由 BCC 固溶体组成，该体系具有优异的压缩力学性能。Zhao 等通过 Ti 和 Al 的沉淀硬化改善了 CoCrNi-MEA 的力学性能，CoCrNi-MEA 强度提高主要是由于 FCC 基体中嵌入的沉淀物。先前也有研究报道了通过添加具有相似晶粒尺寸的 FCC 单相来增强 $CoCrNiAl_x$ 体系，其屈服强度提高了约 22%。MEA 和 HEA 体系固溶强化的原理与传统合金相似，通过添加金属元素，增加晶格摩擦，提高力学性能。图 1-13 为不同类型 MEA/HEA 的抗压断裂强度与断裂应变关系图，显示了强度和延性的组合效应。显然，不同类型的 MEA/HEA 中，双相合金表现出了优异的强塑性协同效应。

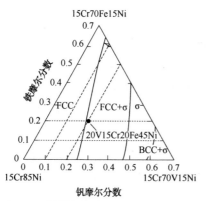

(a)在15Cr(%)的固定组分下，900℃下Fe、Ni、V的摩尔分数变化时的平衡相图

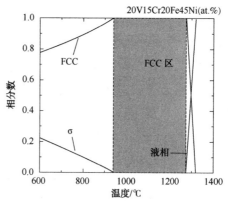

(b)在600～1400℃范围内计算的平衡相摩尔分数

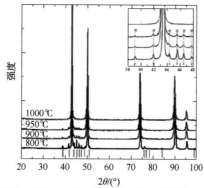

(c)1000℃、950℃、900℃、800℃退火后HEA试样的XRD谱图

图 1-12　通过热力学计算设计的 $V_{20}Cr_{15}Fe_{20}Ni_{45}$ HEA 的平衡相图和实验微观结构

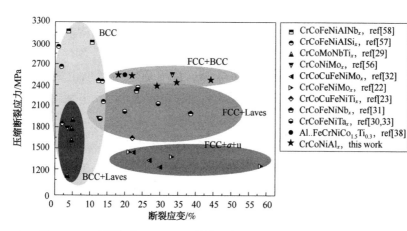

图 1-13　不同类型 MEA/HEA 的抗压断裂强度与断裂应变的关系图

研究人员研究了 Al 对 Cr-Mn-Fe-Co-Ni 体系的晶体结构和力学性能的影响。结果表明：随着 Al 含量的增加，存在从 FCC 到 BCC 的转变。Lu 等对熵合金($(CrCoNi)_{100-x}Al_x(x=0\sim30at.\%)$进行了研究，发现随着 Al 含量的增加，合金的微观结构从单 FCC 变为双 FCC+BCC，最终变为 BCC 结构。同时证明，FCC+BCC 复合结构能显著提高 CrCoNi 金属间化合物的强韧性协同效应。Jiang 等研究了$(Fe_{50}Mn_{25}Ni_{10}Cr_{15})_{100-x}Al_x(x=0\sim8at.\%)$ MEA 的结构和拉伸性能，再次证明了这一点。John 等研究了 $Al_{0.7}CoCrFeNi$ 合金在 800~1100℃、应变率 $0.01\sim10s^{-1}$ 下的高温变形行为。研究发现，在所有试验温度下，合金样品的变形都以沿 FCC 相边界的裂纹为特征，FCC 相的再结晶机制为几何动态再结晶，BCC/B2 相的再晶机制为连续动态再结晶。Lu 等研究了 Al 元素的合金化对 CrCoNi-MEA 结构和力学性能的影响，发现添加 Al 元素后 MEA 的屈服强度可达到 1226MPa，断裂应变为 21.97%。然而，合金元素的添加可能会改变 MEA 的 SFE 值及其相应的变形机制，从而不能有效地使用双变形结构。

Al 含量的变化影响了基体结构的相稳定性，随着 Al 含量的增加，Al_xCoCrFeNi-HEAS 由面心立方(FCC)逐渐转变为体心立方(BCC)，FCC 相 Al_xCoCrFeNi 中 Al 原子的最大含量为 11at.%。单一 FCC 相 Al_xCoCrFeNi 合金中 Al 含量的增加导致硬度与屈服强度的增加。Zuo 等通过拉伸实验研究了 Al_xCoFeNi 合金的力学行为，当 Al 摩尔比从 0.25 增加到 1 时，屈服强度从 158.4MPa 增加至 967.4MPa。Tong 等通过 Al_xCoCrCuFeNi 体系发现，当 Al 含量增加超过 0.8at.% 时，结构转变为有序和无序相。在高 Al 含量的 MEA 和 HEA 中，例如，在 AlCoCrFeNi 中，均匀化后 BCC 相趋于壁状组织，硬度为 433HV，而在 $Al_{0.25}$CoCrFeNi 中，硬度仅为 113HV。这表明低 Al 含量 HEA 材料硬度的提高与固溶强化有关。刘文杰等通过合成一系列$(CoCrNi)_{100x}Al_x(x=0at.\%\sim30at.\%)$ MEA 材料，发现随着 Al 含量的增加，$(CoCrNi)_{100x}Al_x$-MEAS 的微观结构由单一 FCC($x<12at.\%$)结构演化为双晶 FCC+BCC($12\geqslant x<22at.\%$)，再演化为双晶 BCC[$x\geqslant22\%$(原子百分数)]结构。Al_x 合金的硬度由 HV170 提高到 HV700 的最大值，压缩屈服强度也由 204MPa 提高到 1792MPa，如表 1-2 所示。通过以上研究可知，Al 在合金体系中有显著的作用，调整 Al 含量是改善 MEA 和 HEA 组织和力学性能的关键。

表 1-2 Al_x 中熵合金的力学性能

合金	硬度/HV	屈服强度/MPa	断裂强度/MPa	断裂应变/(%)
Al_0	169.7	204.07	—	>50
Al_4	175.8	219.38	—	>50
Al_8	183.4	236.66	—	>50

续表

合金	硬度/HV	屈服强度/MPa	断裂强度/MPa	断裂应变/(%)
Al_{12}	244.6	359.55	—	>50
Al_{13}	268.3	488.48	—	>50
Al_{14}	301.6	512.50	—	>50
Al_{15}	309.5	555.67	2470.49	44.32
Al_{16}	328.7	760.52	2433.66	34.57
Al_{17}	412.6	913.83	2383.78	29.14
Al_{19}	493.5	1225.99	2541.99	21.97
Al_{22}	699.8	1531.79	2543.57	18.16
Al_{25}	674.4	1791.96	2455.93	10.08
Al_{30}	610.8	1765.48	2623.59	10.24

1.3.2　固溶强化对中熵合金韧性的影响

固溶强化在中熵合金的韧性调控中起到关键作用。通过优化元素含量，固溶处理实现了合金晶体结构的均匀分布，减少了局部原子偏聚。这均匀分布提高了合金的整体韧性，使元素在晶格中更均匀地相互作用，减缓了裂纹扩展速度。同时，固溶处理调整晶格结构，引入固溶体溶解度限制，提高了屈服强度，阻碍了位错和裂纹的移动。此机制有助于在高应力条件下提高中熵合金的韧性。固溶强化还通过引入局部畸变增强了抗变形性，为材料的塑性变形提供了额外韧性源。这些效应共同促使中熵合金在极端环境中表现出更为可靠的性能，为其广泛应用提供了有力支持。

中熵合金的固溶强化原理与传统合金相似。通过添加金属元素，可以增加晶格摩擦，提高机械性能。在 Labush 模型设计合金的基础上，在 CrCoNi 合金中加入 3%W 元素，产生固溶强化效果，显著提高合金的力学性能。同时，W 的加入对 CrCoNi 熵合金的组织和力学性能有重要影响，这一点已得到实验证实。随着 W 含量的增加，合金的再结晶行为受到抑制。W 在 CrCoNi 合金中的掺杂抑制了再结晶过程中的位错运动和晶界迁移。添加 3at.%W 可以使 CrCoNi 合金的屈服强度提高 33%，同时保持较高的延展性和加工硬化能力。在 MEA 中添加 Mo 元素可以提高 FCC 结构 CrCoNi 合金的强度和耐磨性。Mo 的加入会导致合金发生严重的晶格畸变，促进金属间化合物相的形成，并显著提高硬度和压缩屈服强度，但生成的金属间化合物具有较高的硬度和脆性，降低塑性。合金的断裂韧性随着 Mo 含量的增加先增大后减小，这是由于固溶强化和金属间化合物的脆性竞争。

Chang 等还研究了 Mo 添加量对 CrCoNi 合金组织和力学性能的影响。结果表明：Mo 的加入能有效地延缓再结晶和晶粒长大。当 Mo 含量达到 5at.%时，沿晶界形成析出相。与 CrCoNi 合金相比，$(CrCoNi)_{97}Mo_3$ 合金的屈服强度提高了约 30%，同时保持了较高的韧性。同时发现，$(CrCoNi)_{97}Mo_3$ 合金在拉伸变形过程中除了产生纳米孪晶和位错外，还产生了高密度的叠层。Jiang 等使用 Mo 和 V 原子铸造了具有单相 FCC 晶体结构的 $Ni_2Co_1Fe_1V_{0.5}Mo_{0.2}$ MEA。他们在 25~1000℃的宽温度范围内研究了其力学性能，发现当温度从 25℃升高到 1000℃时，材料的断裂伸长率从 73%逐渐降低到 47%，与不添加元素的 MEA 相比，高温下的断裂韧性明显提高，如图 1-14 所示。

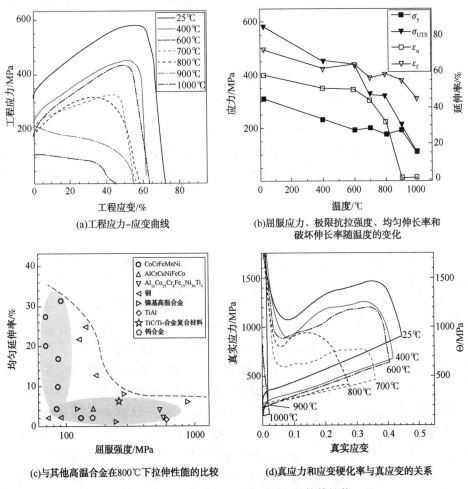

(a)工程应力-应变曲线

(b)屈服应力、极限抗拉强度、均匀伸长率和破坏伸长率随温度的变化

(c)与其他高温合金在800℃下拉伸性能的比较

(d)真应力和应变硬化率与真应变的关系

图 1-14　$Ni_2Co_1Fe_1V_{0.5}Mo_{0.2}$ MEA 的拉伸性能

研究发现，间隙元素在多种硬质合金的发展中起着关键作用。除取代固溶强化外，间隙强化还提供了另一种提高机械性能的方法。在 HEAs/MEAs 中引入 C、O、N、B 和其他间隙元素可以显著提高材料的机械性能。例如，在 Ni_3Al 中添加 B 不仅提高了屈服强度，而且大大提高了塑性，断裂模式从晶间断裂转变为穿晶断裂。强度的显著变化是由 B 产生的不对称应变场引起的，B 向晶界的偏析促进了滑移通过晶界的传递，减少了裂纹的倾向，并导致塑性增加。此外，B 元素增加了合金中一些再结晶组织的体积分数，导致 CrCoNi 合金具有更高的拉伸织构强度和更强的织构取向。据研究，C 可以提高合金的屈服强度，在某些情况下，它高于传统合金的屈服力。这表明添加 C 是提高 HEAs 力学性能的极好方法，这与 C 的晶格膨胀有关。通过与无碳参考合金的研究和比较，发现碳掺杂熵合金的强塑性组合显著增强，提高了熵合金的力学性能。Wang 等在 $Fe_{40.4}Ni_{11.3}Mn_{34.8}Al_{7.5}Cr_6$-HEA 中加入少量 C（1.1at.%），使合金的屈服强度从 159MPa 提高到 355MPa，伸长率从 41% 提高到 50%。这主要是因为 C 的加入不仅降低了基体合金的 SFE，而且增加了晶格摩擦应力。

合金元素是影响 MEA SFE 的关键因素。因此，通过调整 MEA 的组成，可以实现相变诱导塑性（TRIP）和孪晶诱导塑性（TWIP），并可以获得优异的力学性能。设计了一种双相（FCC 和 HCP）$Fe_{50}Mn_{30}Co_{10}Cr_{10}$ 合金，该合金产生 TRIP，拉伸强度约为 880MPa，伸长率约为 70%。在 77K 的温度下，单相 CoCrFeMnNi HEA 产生了纳米级变形孪晶，同时获得了高强度（约为 1100MPa）和高延展性（约为 90%）的良好组合。Deng 等通过改变单相 FCC 合金 $Fe_{40}Mn_{40}Co_{10}Cr_{10}$ 的成分来优化 SFE，实现了良好的强度和延展性（强度约为 489MPa，伸长率约为 58%）。N 对奥氏体钢机械性能和腐蚀性能的有益影响已被广泛研究，但与多主元素合金相比，间隙氮合金化的研究相对较少。近年来研究表明，含有固溶体间隙结构的 MEA 具有良好的强度和塑性平衡，间隙氮合金化提高了 CrCoNi 和 CrCoNiFe MEA 的拉伸性能（0.5at.%N）。氮合金化增加了晶格摩擦应力和晶界强化的强化效果。同时研究指出，在固溶体强化中，氮比碳更有效。氮合金化对 CrFeCoNi MEA 的组织和力学性能也有重要影响。添加氮气可以显著提高 CrFeCoNi MEA 的断裂韧性。

然而，合金元素的添加有可能改变 MEA 材料的堆垛层错能，使变形机制发生改变，从而无法很好地利用孪晶变形机制。国外学者 Jeong 在研究中发现通过添加元素改变堆垛层错能后，MEA 材料的孪晶变形机制可能消失，并会导致塑性下降（如图 1-15 所示）。

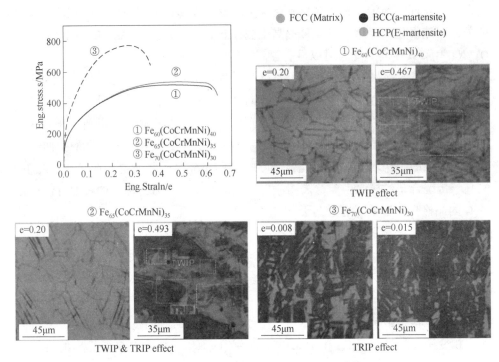

图1-15　$Fe_x(CoCrMnNi)_{100-x}$ 中锰钢的变形机制

1.3.3　塑性变形对中熵合金韧性的影响

　　塑性变形在中熵合金的韧性调控中具有重要作用。当受到外部应力作用时，中熵合金通过塑性变形这一形变机制，能够实现一定程度的可逆形变，而不会立即发生断裂。这赋予了合金更强的可塑性，使其更能适应外部环境的挑战，从而提高整体韧性。同时，塑性变形过程中引入的位错和晶格缺陷对中熵合金的韧性产生了积极影响。在微观层面上，局部的塑性变形为晶体结构引入了多样性，包括位错、晶界和孪晶等缺陷。这些缺陷不仅有助于提高材料的强度和硬度，还对裂纹的扩展产生阻碍，提高了合金的抗断裂性能。此外，塑性变形的过程对中熵合金的能量吸收能力也有显著影响。变形区域的引入使得合金更好地吸收外部应变产生的能量，从而减缓了裂纹扩展的速度。这对于中熵合金在高强度、高应力环境下表现出更卓越的韧性至关重要，因为它提供了额外的耗能机制。

　　FCC相高熵合金由于具有良好的塑性变形能力而通常表现出高断裂强度和良好的延展性。与FCC结构相比，BCC结构的中/高熵合金塑性变形能力较差，但其强度可达 4.5GPa，超过了大多数金属材料。具有 FCC 和 BCC 结构的几种典型 MEAs/HEAs 的力学性能如表 1-3 所示。当这些具有 FCC 或 BCC 结构的 HEAs/MEAs 的屈服强度和断裂伸长率放在同一个图中时（如图 1-16 所示），不难发现具有 BCC 结构（右侧区域）的 HEA/MEA 具有显著更高的强度，而具有 FCC 结构（左侧区域）的 HEA/MEA 具有更好的断裂伸长率。

表 1-3　几种典型 MEAs/HEAs 的力学性能

合金成分	屈服强度	断裂强度	断裂伸长率/%
FeCrCoNiMn（坎特合金）-FCC	250MPa	750MPa	56
FeCrCoNi-FCC	220MPa	560MPa	70
CrCoNi-FCC	350MPa	790MPa	57
AlCoCrFeNiTi$_{0.5}$-BCC	2.3GPa	—	23
AlCoCr$_{1.5}$Fe$_{1.5}$NiTi$_{0.5}$-BCC	2.0GPa	—	30
TaNbHfZrTi-BCC	1.0GPa	—	40
10.5Cr0.9FeNi2.5V0.2-BCC	—	1.9GPa	9

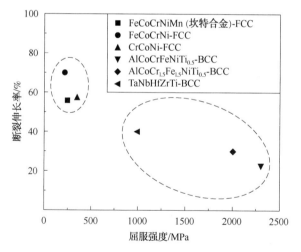

图 1-16　几种典型 FCC 和 BCC 结构 MEAs/HEAs 的力学性能

在材料塑性变形过程中，位错滑移和孪晶变形是协调材料变形的两种基本机制。位错滑移是指晶体材料在加载过程中，在剪切应力的作用下，晶体相邻部分沿某一晶面和方向的相对滑动，宏观表现为晶体材料的塑性变形。孪晶变形是指当位错的运动受到阻碍时，一些晶体在剪切应力的作用下沿着一定的晶面（孪晶面）和方向（孪晶方向）发生剪切的变形过程。

孪晶变形机制一直被认为是 MEA 在低温下具有优异机械性能和高韧性的重要原因之一。MEA 在室温和高温下韧性的降低主要是由于高温环境不利于孪晶结构的形成。孪晶界面的功能包括阻碍位错运动，同时具备在界面发生反应的能力，有助于缓解高应力状态，从而提高强度和韧性。中/高熵合金变形过程中的孪晶变形可以显著提高合金的屈服强度和应变硬化能力。Bi 等通过对 $Cr_{20}Fe_6Co_{34}Ni_{34}Mo_6$ 合金的研究表明，孪晶边界可以有效地阻碍位错的运动。

材料的变形主要由位错运动引起，位错运动对材料的变形速率有一定的敏感性，从而在力学性能上表现出应变率效应。在低温冲击载荷条件下，CrCoNi-MEA 具有正应变率效应，即应变率的增加有助于提高材料的强度和韧性。其中，纳米孪晶的连续形成和孪晶层中的高密度位错对裂纹的阻止有很大贡献，这是显著的应变硬化和增韧的原因。CrCoNiFeMn、CrCoNiFe 和 CrCoNi HEAs/MEAs 是典型的单相 FCC 结构。由于层错能较低，它们的变形机制都是位错的演化和变形孪晶的产生。所产生的孪晶为位错的运动提供了障碍。宏观上，这表明合金强度增加，孪晶的形成促进了滑移系统的增加，可以使受阻位错向相邻的未变形区域移动，增强均匀变形能力，提高加工硬化，延缓颈缩。此外，大量纳米孪晶的形成和桥接可以抑制裂纹的扩展，表现出伸长率的增加。因此，CrCoNiFeMn、CrCoNiFe 和 CrCoNi 中/高熵合金都表现出高强度和良好的塑性。其中，CrCoNi 中的熵合金具有最低的层错能，因此表现出最优异的塑性变形能力。与传统合金相比，CrCoNi-MEA 表现出优异的动态剪切阻力和强烈的应变速率效应。此外，当在宽温度范围内以 $2000s^{-1}$ 的高应变速率变形时，大块 CrCoNi-MEA 可以表现出高强度和良好延展性的非凡组合。这些优异的力学性能主要归因于大量的变形孪晶。Lu 等研究表明，高密度变形孪晶具有较强的抗裂纹扩展能力，可以使 CrCoNi-MEA 材料具有优异的韧性。武晓磊课题组研究了 CrCoNi-MEA 材料裂纹尖端在低温夏比冲击载荷下的变形，分析了变形孪晶对剪切带形式应变局部化的影响。研究发现，由于低 SFE，高应变速率将有助于 CrCoNi-MEA 产生变形孪晶，变形孪晶不仅存在于剪切带的末端以阻止其发展，而且，它将嵌入其内部进行应变硬化(裂纹尖端硬度可以翻倍甚至更高)。这种双重效应有助于抑制剪切带的不稳定性，并对整体韧性做出巨大贡献。

随着温度的升高，MEA 材料的强度、应变硬化能力和冲击韧性显著降低，如图 1-17 所示。这种温度效应的主要原因之一是 MEA 的 SFE 在高温条件下增加，不利于孪晶的产生。

通过相变和固溶强化提高 MEA 在室温和高温下的韧性会改变其 SFE，并且不能使用孪晶变形机制。材料的微观结构决定了其宏观力学行为。对于 MEA，通过塑性变形对微观结构进行改性不会改变其化学成分和 SFE。利用孪晶变形机制可以全面提高材料的强度和韧性。

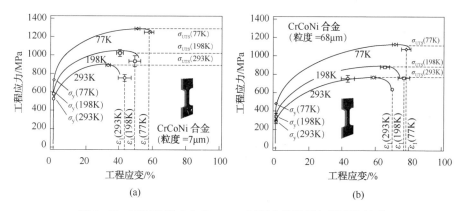

图 1-17 不同粒度 CrCoNi-MEA 材料力学性能与温度的关系

梯度结构作为增韧金属材料的重要手段，是指材料的结构单元尺寸（如晶粒尺寸或孪晶间距）在空间上呈梯度变化，从纳米尺度到宏观尺度不断增加。孪晶界面的梯度变化不同于不同尺寸的简单混合或复合，可以有效避免结构特征尺寸突变引起的性能突变，使不同间距的孪晶结构相互协调，优化和改善材料的整体性能和使用行为。

通过高能喷丸（High Energy Shot Peening，HESP）处理，在 FCC 型 CrCoNi-MEA 中引入梯度纳米晶（GNG）结构，发现梯度纳米晶 CrCoNi-MEA 具有优异的强度和延展性协同性能，屈服强度和极限抗拉强度分别达到 1215MPa 和 1524MPa，同时保持约 23%的延展性。结果表明，构建 GNG 结构是解决 FCC 型 MEA/HEA 和其他低 SFE 材料中强度和延展性之间权衡问题的可行而有效的方法。武晓雷等指出，非均匀结构可以更好地结合强度和韧性，并在研究中证实了应力/应变的梯度分布在拉伸变形过程中起着重要作用。随着不相容变形沿梯度深度发展，施加的单轴应力可以转化为多轴应力，从而促进位错的积累和相互作用，增强额外的应变硬化和均匀伸长率。一些具有异质结构的 MEAs 的力学性能如表 1-4 所示，相应力学性能的比较在图 1-18 中更为明显。可以看出，采用相同方法制备的具有异质结构的 MEA 通常在一定范围内，尽管其力学性能随参数的不同而变化。具体而言，冷轧后再进行加热处理，可以将 MEA 的强度提高到 700~1300MPa 的范围，而断裂伸长率在 10%~45%范围内。随着退火温度的升高或退火时间的延长，MEA 的强度降低，而断裂伸长率持续增加。高压扭转可使

MEA 的强度提高到 600～900MPa，断裂伸长率在 18%～42%。随着扭转角的增加，强度增加，而断裂伸长率降低。构造 GNG 结构的表面塑性变形可以将 MEA 的屈服强度提高到 600MPa 左右，但断裂伸长率可以高达 55% 左右。

表 1-4　几种异质结构 MEAs 的力学性能

合金状态		屈服强度/MPa	超强抗拉强度/MPa	断裂应变/%
冷轧和退火	973K/15min	1309	1489.1	9.8
	973K/22min	1146.1	1284.3	18.6
	973K/30min	953.4	1178.3	34
	973K/1h	848	1087.7	39.2
	1073K/5min	1175.6	1309.9	13.3
	1073K/6min	1042.4	1174.6	33.6
	1073K/10min	725	1055.7	45.7
高压扭转	10π	600	790	42
	20π	770	870	38
	25π	830	900	20
	30π	900	950	18
在 700° 下轧制和退火		680	1000	27
在 77K 下剧烈扭转		1800	2300	13

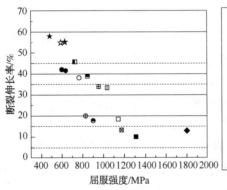

图 1-18　不同制备方法制备异质结构 MEA 的力学性能

非均匀结构的 CrCoNi-MEA 材料由于晶格畸变严重，孪晶丰富，摩擦应力大，表现出优异的强塑性协同效应(屈服强度>1GPa，伸长率>30%)。Liu 等通过剧烈的扭转变形制备了具有梯度结构的 MEA，表明梯度位错密度和梯度纳米晶体提供了额外的应变硬化能力，有助于获得优异的力学性能。倪松等、刘世林、杨海林课题组也得出了类似的结论。具有纳米级界面的梯度材料也可在低温表面塑性变形中通过硬车削方法制备，在准静态条件下，其屈服应力增加了 3 倍，应变硬化率增加了 2 倍以上。可以看出，在准静态条件下，梯度孪晶结构对 CrCoNi-MEAs 的屈服强度、应变硬化和韧性提高有明显影响。

预塑性变形方法可以在不改变 SFE 的情况下调整 MEA 材料内的晶粒状态与结构，从而提高其屈服强度与综合力学性能。根据国外学者 Sathiyamoothi 等通过冷轧退火方法，以及通过高压扭转退火法制备的不同晶粒尺寸的 CrCoNi-MEA 材料，可以看出无论是在超细晶或是粗晶状态，MEA 材料仅在低温条件下具备综合的准静态力学性能，即较高的应变硬化能力与韧性。张涛研究团队通过等径通道挤压方法(Equal Channel Angular Pressing，ECAP)对 CrCoNi-MEA 材料的晶粒结构进行了细化，同样发现 CrCoNi-MEA 材料在低温条件下更容易产生不同尺寸的变形孪晶，使材料兼备强度及应变硬化的综合能力。

对于 MEA 材料而言，微观组织的修饰不会改变其化学组成及堆垛层错能，利用孪晶变形机制可以使强度-塑性得到综合改善。武晓雷等在研究中指出，非均匀的晶粒结构可使强度和塑性得到更好的结合，并在其研究中证实应力/应变的梯度分配在拉伸变形过程中发挥了重要作用，增强了额外的应变硬化和均匀的延伸率。倪颂等及中科院诸多课题组的研究也都得到了相似的结论。贝红斌课题组通过低温硬车削方法制备出纳米级界面贯穿整个试样的梯度 CrCoNi-MEA 材料，使其在准静态条件下屈服应力增加了三倍，应变硬化率增加了一倍多。可见，预置梯度内界面结构对于 CrCoNi-MEA 材料屈服强度及应变硬化的提升有着明显的作用。

制造工艺的优化对 CoCrNi-MEA 材料力学性能也有重要影响。如何通过复杂的制造工艺来提高其适度的屈服强度并保持良好的塑性，也是一个重要的研究方向。通常，MEA 材料是经过铸造、均匀化、轧制，然后再结晶或部分再结晶的整个加工链进行制备的。然而，一些新方法制备的 CoCrNi-MEA 材料展现出了更好的力学性能。

对于制备加工链较短、力学性能良好的 CoCrNi-MEA 合金，机械合金化(Mechanical Alloying，MA)和火花等离子烧结(Spark Plasma Sintering，SPS)结合的方法制备的 CoCrNi 合金具有热稳定性，热膨胀系数高达 $17.4.10^{-6}k^{-1}$，是一种很有前途的复合材料基体材料。通过基于激光的添加剂制造技术制备 HEA，例如使用粉末吹制定向能量沉积(Directional Energy Deposition，DED)，或基于粉末床的选择性激光熔融(Selective Laser Melting，SLM)用于制备的 CrMnFeCoNi 合金，具有良好的强度和延展性。

中/高熵合金各成分在相变强化、固溶体强化和间隙强化后的力学性能汇总如图 1-16 所示。可以看出，这 3 种强化方法都对 MEA/HEAs 的力学性能起到了一定的作用，但难以在提高强度的同时保持高伸长率。然而，通过超声波振动发生塑性变形的 CrCoNi-MEA 在提高强度的同时保持良好的伸长率。

参 考 文 献

[1] ZhangL S, Ma G L, Fu L C, et al. Recent Progress in High-Entropy Alloys[J]. Advanced Materials Research, 2013, 2200: 227-232.

[2] Yeh J W, Chen S K, Lin S J, et al. Nanostructured High-Entropy Alloys with Multiple Principal Elements: Novel Alloy Design Concepts and Outcomes[J]. Advanced Engineering Materials, 2004, 6: 299-303.

[3] Choi W M, Jung S, Jo Y H, et al. Design of new face-centered cubic high entropy alloys by thermodynamic calculation[J]. Metals and Materials International, 2017, 23: 839-847.

[4] Won J W, Kang M, Kwon H J, et al. Edge-cracking behavior of CoCrFeMnNi high-entropy alloy during hot rolling, Met. Mater. Int. 2018, 24: 1432-1437.

[5] Yim D, Kim H S. Fabrication of the high-entropy alloys and recent research trends: a review, Korean J. Met. Mater. 2017, 55: 671-683.

[6] Kang M, Won J W, Lim K R, et al. Microstructure and mechanical properties of as-cast CoCrFeMnNi high entropy alloy, Korean J. Met. Mater. 2017, 55: 732-738.

[7] Nam S, Kim C, Kim Y. Recent Studies of the Laser Cladding of High Entropy Alloys. 2017, 35(4): 58-66.

[8] Agustianingrum M P, Park N, Yoshida S, et al. Effect of aluminum addition on solid solution strengthening in CoCrNi medium-entropy alloy[J]. Journal of Alloys and Compounds, 2019, 781: 866-872.

[9] Schneider M, George E P, Manescau T J, et al. Analysis of strengthening due to grain boundaries and annealing twin boundaries in the CrCoNi medium-entropy alloy[J]. International Journal of Plasticity, 2020, 124: 155-169.

[10] Gludovatz B, Hohenwarter A, Thurston K V, et al. Exceptional damage-tolerance of a medium-entropy alloy CrCoNi at cryogenic temperatures. [J]. Nature communications, 2016, 7: 10602.

[11] Gludovatz B, A. Hohenwarter, D. Catoor, et al. A fracture-resistant high-entropy alloy for cryogenic applications, Science, 2014, 345 (6201): 1153-1158.

[12] Shang Y Y, Wu Y, He J Y, et al. Solving the strength-ductility tradeoff in the medium-entropy NiCoCr alloy via interstitial strengthening of carbon[J]. Intermetallics, 2019, 106: 77~87.

［13］Gludovatz B，Hohenwarter A，Thurston K V S，et al. Exceptional damage-tolerance of a medium-entropy alloy CrCoNi at cryogenic temperatures［J］. Nature Communications，2016，7 （1）：10602.

［14］Gwalani B，Gorsse S，Choudhuri D，et al. Modifying transformation pathways in high entropy alloys or complex concentrated alloys via thermo-mechanical processing［J］. Acta Mater，2018，153：169-185

［15］Liu J，Guo X，Lin Q，et al. Excellent ductility and serration feature of metastable CoCrFeNi high-entropy alloy at extremely low temperatures［J］. Sci China Mater，2019，62：853-863

［16］Gludovatz B，Hohenwarter A，Catoor D，et al. A fracture-resistant highentropy alloy for cryogenic applications［J］. Science，2014，345：1153-1158

［17］Christian JW，Mahajan S. Deformation twinning［J］. Prog Mater Sci，1995，39：1-157

［18］Zhao B，Huang P，Zhang L，et al. Temperature effect on stacking fault energy and deformation mechanisms in titanium and titanium-aluminium alloy［J］. Sci Rep，2020，10：3086

［19］Zhu YT，Liao XZ，Wu XL. Deformation twinning in nanocrystalline materials［J］. Prog Mater Sci，2012，57：1-62

［20］Gao Peng，Ma Zihao，Gu Ji，et al. Exceptional high-strain-rate tensile mechanical properties in a CrCoNi medium-entropy alloy［J］. Science China Materials，2021.

［21］Z. Zhang，H. Sheng，Z. Wang，et al. Dislocation mechanisms and 3D twin architectures generate exceptional strength – ductility – toughness combination in CrCoNi medium – entropy alloy［J］. Nat. Commun. 8 （2017） 14390.

［22］Z. Wu，H. Bei，G. M. Pharr，et al. Temperature dependence of the mechanical properties of equiatomic solid solution alloys with face-centered cubic crystal structures［J］. Acta Mater 81 （2014） 428-441.

［23］Z. F. He，N. Jia，D. Ma，et al. Joint contribution of transformation and twinning to the high strength – ductility combination of a FeMnCoCr high entropy alloy at cryogenic temperatures ［J］. Mater. Sci. Eng. A. 759 （2019） 437-447.

［24］J. Y. He，S. K. Makineni，W. J. Lu，et al. On the formation of hierarchical microstructure in a Mo-doped NiCoCr medium-entropy alloy with enhanced strength-ductility synergy［J］. Scripta Materialia，2020，175：1-6.

［25］Y. Y. Shang，Y. Wu，J. Y. He，et al. Solving the strength-ductility tradeoff in the medium-entropy NiCoCr alloy via interstitial strengthening of carbon［J］. Intermetallics，2019，106：77-87.

［26］G. Laplanche，A. Kostka，C. Reinhart，et al. Reasons for the superior mechanical properties of medium-entropy CrCoNi compared to high-entropy CrMnFeCoNi［J］. Acta Mater. 128 （2017） 292-303.

［27］G. A. He，Y. F. Zhao，B. Gan，et al. Mechanism of grain refinement in an equiatomic medium-entropy alloy CrCoNi during hot deformation[J]. Journal of Alloys and Compounds, 2020, 815: 152382.

[28] N. Yan, Z. Z. Li, Y. B. Xu, et al. Shear localization in metallic materials at high strain rates[J]. Progress in Materials Science, 2021, 119: 100755.

[29] J. P. Liu, J. X. Chen, T. W. Liu, et al. Superior strength-ductility CoCrNi medium-entropy alloy wire[J]. Scripta Materialia, 2020, 181: 19-24.

[30] Y. L. Zhao, T. Yang, Y. Tong, et al. Heterogeneous precipitation behavior and stacking-fault-mediated deformation in a CoCrNi-based medium-entropy alloy[J]. Acta Materialia, 2017, 138: 72-82.

[31] S. Q. Xia, M. C. Gao, Y. Zhang. Abnormal temperature dependence of impact toughness in Alx-CoCrFeNi system high entropy alloys[J]. Materials Chemistry and Physics, 2018, 210: 213-221.

[32] D. Y. Li, Y. Zhang. The ultrahigh charpy impact toughness of forged AlxCoCrFeNi high entropy alloys at room and cryogenic temperatures[J]. Intermetallics, 2016, 70: 24-28.

[33] S. Pan, C. C. Zhao, P. B. Wei, et al. Sliding wear of CoCrNi medium-entropy alloy at elevated temperatures: Wear mechanism transition and subsurface microstructure evolution[J]. Wear, 2019, 440-441: 203108.

[34] W. Woo, M. Naeem, J. S. Jeong, et al. Comparison of dislocation density, twin fault probability, and stacking fault energy between CrCoNi and CrCoNiFe medium entropy alloys deformed at 293 and 140K[J]. Materials Science and Engineering: A, 2020, 781: 139224.

[35] Otto F, Dlouh 8 BASB, Somsen C, et al. The influences of temperature and microstructure on the tensile properties of a CoCrFeMnNi high-entropy alloy[J]. Acta Materialia, 2013, 61 (15): 5743-5755.

[36] Wu Z, Bei H, Pharr G M, et al. Temperature dependence of the mechanical properties of equi-atomic solid solution alloys with face-centered cubic crystal structures[J]. Acta Materialia, 2014, 81: 428-441.

[37] Laplanche G, Kostka A, Reinhart C, et al. Reasons for the superior mechanical properties of medium-entropy CrCoNi compared to high-entropy CrMnFeCoNi[J]. Acta Materialia, 2017, 128: 292-303.

[38] Allain S, Chateau J P, Bouaziz O, et al. Correlations between the calculated stacking fault energy and the plasticity mechanisms in Fe-Mn-C alloys[J]. Materials Science & Engineering A, 2004, 387: 158-162.

[39] Laplanche G, Kostka A, Horst O M, et al. Microstructure evolution and critical stress for twinning in the CrMnFeCoNi high-entropy alloy[J]. Acta Materialia, 2016, 118: 152-163.

[40] Zaddach A J, Niu C, Koch C C, et al. Mechanical Properties and Stacking Fault Energies of NiFeCrCoMn High-Entropy Alloy[J]. JOM, 2013, 65: 1780-1789.

［41］Qian Y，Qi L，Chen K，et al. The nanostructured origin of deformation twinning.［J］. Nano let-
ters，2012，12：887−892.

［42］Otto F，Dlouh 8 1三1 三三adeep K G，et al. Decomposition of the single−phase high−entropy alloy
CrMnFeCoNi after prolonged anneals at intermediate temperatures［J］. Acta Materialia，2016，
112：40−52.

［43］Miao J，Slone C，Smith T，et al. The evolution of the deformation substructure in a Ni−Co−Cr
equiatomic solid solution alloy［J］. Acta Materialia，2017，132：35−48.

［44］R. A. Antunes，M. C. L Oliveira. Materials selection for hot stamped automotive body parts：An
application of the Ashby approach based on the strain hardening exponent and stacking fault ener-
gy of materials. Materials and Design，2014，63(21)，247−256.

［45］吕昭平，蒋虽合，何骏阳，等. 先进金属材料的第二相强化［J］. 金属学报，2016，
52(10)：1183−1198.

［46］W. J. Lu，X. Luo，Y. Q. Yang，et al. Effects of Al addition on structural evolution and mechani-
cal properties of the CrCoNi medium−entropy alloy［J］. Materials Chemistry and Physics，2019，
238：121841.

［47］M. H. Chuang，M. H. Tsai，C. W. Tsai，et al. Intrinsic surface hardening and precipitation ki-
netics of Al0. 3CrFe1. 5MnNi0. 5 multi component alloy［J］. Journal of Alloys and Compounds，
2013，551，12−18.

［48］E. O. Hall，S. H. Algie，The Sigma Phase［J］. Metallurgical Reviews，1966，11：61−88.

［49］C. Y. Hsu，C. C. Juan，W. R. Wang，et al. On the superior hot hardness and softening resistance of
AlCoCrxFeMo0. 5Ni high−entropy alloys［J］. Materials Science and Engineering：A，2011，528：
3581−3588.

［50］E. C. Bain，W. E. Griffiths. An introduction to the iron−chromium−nickel alloys［J］. Trans.
Aime，1927，75：166−211.

［51］A. Kington，F. Noble. σ phase embrittlement of a type 310 stainless steel［J］. Materials Science
and Engineering：A，1991，138：259−266.

［52］S. C. Kim，Z. Zhang，Y. Furuya，et al. Effect of Precipitation of σ−Phase and N Addition on
the Mechanical Properties in 25Cr−7Ni−4Mo−2W Super Duplex Stainless Steel［J］. Materials
transactions，2005，46：1656−1662.

［53］Y. Wang，J. Han，H. Wu，et al. Effect of sigma phase precipitation on the mechanical and wear
properties of Z3CN20. 09M cast duplex stainless steel［J］. Nuclear Engineering and Design，
2013，259：1−7.

［54］C. C. Hsieh，W. Wu. Overview of intermetallic sigma［J］. Isrn Metallurgy，2012，16：1−16.

［55］Y. Jo，W. Choi，D. Kim，et al. Utilization of brittle σ phase for strengthening and strain harden-
ing in ductile VCrFeNi high−entropy alloy［J］. Materials Science and Engineering：A，2019，
743：665−674.

[56] D. H. Chung, X. D. Liu, Y. Yang. Fracture of sigma phase containing Co-Cr-Ni-Mo medium entropy alloys[J]. Journal of Alloys and Compounds, 2020, 846: 156189.

[57] T. Akira, A. Inoue. Calculations of Mixing Enthalpy and Mismatch Entropy for Ternary Amorphous Alloys[J]. The Japan Institute of Metals, 2000, 41: 1372-1378.

[58] Y. J. Zhou, Y. Zhang, Y. L. Wang, et al. Solid solution alloys of AlCoCrFeNiTix with excellent room temperature mechanical properties[J]. Applied Physics Letters, 2007, 90(18): 181904.

[59] Q. Li, T. W. Zhang, J. W. Qiao, et al. Mechanical properties and deformation behavior of dual-phase Al0.6CoCrFeNi high-entropy alloys with heterogeneous structure at room and cryogenic temperatures[J]. Journal of Alloys and Compounds, 2020, 816: 152663.

[60] J. M. Park, J. Moon, J. W. Bae, et al. Role of BCC phase on tensile behavior of dual-phase Al0.5CoCrFeMnNi high-entropy alloy at cryogenic temperature[J]. Materials Science and Engineering A, 2019, 746: 443-447.

[61] W. J. Lu, X. Luo, Y. Q. Yang, et al. Effects of Al addition on structural evolution and mechanical properties of the CrCoNi medium-entropy alloy[J]. Materials Chemistry and Physics, 2019, 238: 121841.

[62] Z. Jiang, R. Wei, W. Z. Wang, et al. Achieving high strength and ductility in Fe50Mn25Ni10Cr15 medium entropy alloy via Al alloying[J]. Journal of Materials Science and Technology, 2022, 100: 22-26.

[63] R. John, M. K. Dash, B. S. Murty, et al. Effect of temperature and strain rate on the deformation behaviour and microstructure of Al0.7CoCrFeNi high entropy alloy[J]. Materials Science and Engineering A, 2022, 856: 143933.

[64] W. J. Lu, X. Luo, Y. Q. Yang, et al. Effects of Al addition on structural evolution and mechanical properties of the CrCoNi medium-entropy alloy[J]. Materials Chemistry and Physics, 2019, 238: 121841.

[65] Y. F. Kao, T. J. Chen, S. K. Chen, et al. Microstructure and mechanical property of as-cast, homogenized, and deformed AlxCoCrFeNi (0<x<2) high-entropy alloys[J]. Journal of Alloys and Compounds, 2009, 488: 57-64.

[66] Zuo T T, Li R B, Ren X J, et al. Effects of Al and Si addition on the structure and properties of CoFeNi equal atomic ratio alloy[J]. Journal of Magnetism and Magnetic Materials, 2014, 371: 60-68.

[67] Tong C J, Chen Y L, Chen S K, et al. Microstructure characterization of AlxCoCrCuFeNi high-entropy alloy system with multiprincipal elements[J]. Metallurgical and Materials Transactions A, 2005, 36: 881-893.

[68] Wang W R, Wang W L, Wang S C, et al. Effects of Al addition on the microstructure and mechanical property of Al x CoCrFeNi high-entropy alloys[J]. Intermetallics, 2012, 26: 44-51.

[69] Z. G. Wu, W. Guo, J. Ke, et al. Enhanced strength and ductility of a tungsten-doped CoCrNi

medium-entropy alloy[J]. Journal of Materials Research, 2018, 33(19): 3301-3309.

[70] R. B. Chang, W. Fang, X. Bai, et al. Effects of tungsten additions on the microstructure and mechanical properties of CoCrNi medium entropy alloys[J]. Journal of Alloys and Compounds, 2019, 790: 732-743.

[71] J. W. Miao, T. M. Guo, J. F. Ren, et al. Optimization of mechanical and tribological properties of FCC CrCoNi multi-principal element alloy with Mo addition[J]. Vacuum, 2018, 149: 324-330.

[72] R. B. Chang, W. Fang, J. H. Yan, et al. Microstructure and mechanical properties of CoCrNi-Mo medium entropy alloys: Experiments and first-principle calculations[J]. Journal of Materials Science and Technology, 2020 62: 25-33.

[73] W. Jiang, S. Y. Yuan, Y. Cao, et al. Mechanical properties and deformation mechanisms of a Ni2Co1Fe1V0.5Mo0.2 medium-entropy alloy at elevated temperatures[J]. Acta Materialia, 2021, 213: 116982.

[74] C. T. Liu, C. L. White, J. A. Horton. Effect of boron on grain-boundaries in Ni3Al[J]. Acta Metallurgica, 1985, 33: 213-229.

[75] Y. J. Shi, Y. D Wang, S. L. Li, et al. Mechanical behavior in boron-microalloyed Co Cr Ni medium-entropy alloy studied by in situ high-energy X-ray diffraction[J]. Materials Science and Engineering A, 2020, 788: 139-150.

[76] I. Moravcik, V. Hornik, P. Minárik, et al. Interstitial doping enhances the strength-ductility synergy in a CoCrNi medium entropy alloy[J]. Materials Science and Engineering A, 2020, 781: 139242.

[77] Z. W. Wang, I. Baker, Z. H. Cai, et al. The effect of interstitial carbon on the mechanical properties and dislocation substructure evolution in $Fe_{40.4}Ni_{11.3}Mn_{34.8}Al_{7.5}Cr_6$ high entropy alloys[J]. Acta Materialia, 2016, 120: 228-239.

[78] Z. Li, K. G. Pradeep, Y. Deng, et al. Metastable high-entropy dual-phase alloys overcome the strength-ductility trade-off[J]. Nature, 2016, 18: 227-230.

[79] F. Otto, A. Dlouh 8 13 (Thomsen, et al. The influences of temperature and microstructure on the tensile properties of a CoCrFeMnNi high-entropy alloy[J]. Acta Materialia, 2013, 61: 5743-5755.

[80] Y. Deng, C. C. Tasan, K. G. Pradeep, et al. Design of a twinning-induced plasticity high entropy alloy[J]. Acta Materialia, 2015, 94: 124-133.

[81] V. G. Gavriljuk, H. Berns. High Nitrogen Steels[J]. Springer, Berlin, 1999.

[82] H. Berns, V. Gavriljuk, S. Riedner. High Interstitial Stainless Austenitic Steels[M]. Springer-Verlag, Berlin Heidelberg, 2013.

[83] E. G. Astafurova, M. Y. Panchenko, K. A. Reunova, et al. The effect of nitrogen alloying on hydrogenassisted plastic deformation and fracture in FeMnNiCoCr high-entropy alloys[J]. Scripta

Materialia, 2021, 194: 113642.

[84] I. Baker. Interstitial in f. c. c. high entropy alloys[J]. Advanced Powder Materials, 2020, 1: 100034.

[85] I. Moravcik, H. Hadraba, L. Li, et al. Yield strength increase of a CoCrNi medium entropy alloy by interstitial nitrogen doping at maintained ductility[J]. Scripta Materialia, 2020, 178: 391-397.

[86] K. S. Chung, J. H. Luan, C. H. Shek, Strengthening and deformation mechanism of interstitially N and C doped FeCrCoNi high entropy alloy[J]. Journal of Alloys and Compounds, 2022, 904: 164118.

[87] G. Filho F. D. Costa, M. S. Neves. Unveiling the effect of N interstitial on the mechanical properties of a CrFeCoNi medium entropy alloy[J]. Journal of Materials Research and Technology, 2022, 19: 3616-3623.

[88] Jeong H U, Park N. TWIP and TRIP-associated mechanical behaviors of Fex(CoCrMn Ni)100-x medium-entropy ferrous alloys, Materials Science and Engineering: A, 2020, 782: 138896.

[89] G. Laplanche, A. Kostka, C. Reinhart, et al. Reasons for the superior mechanical properties of medium entropy CrCoNi compared to high-entropy CrMnFeCoNi[J]. Acta Materialia, 2017, 128: 292-303.

[90] T. W. Zhang, S. G. Ma, D. Zhao, et al. Simultaneous enhancement of strength and ductility in a NiCoCrFe high-entropy alloy upon dynamic tension: Micromechanism and constitutive modeling[J]. International Journal of Plasticity, 2020, 124: 226-246.

[91] G. Laplanche, A. Kostka, C. Reinhart, et al. Reasons for the superior mechanical properties of medium entropy CrCoNi compared to high-entropy CrMnFeCoNi[J]. Acta Materialia, 2017, 128: 292-303.

[92] T. W. Zhang, Z. M. Jiao, Z. H. Wang. Dynamic deformation behaviors and constitutive relations of an AlCoCr1. 5Fe1. 5NiTi0. 5 high-entropy alloy[J]. Scripta Materialia, 2017, 136: 15-19.

[93] O. N Senkov, J. M. Scott, S. V. Senkova. Microstructure and elevated temperature properties of a refractory TaNbHfZrTi alloy[J]. Journal of Materials Science, 2012, 47: 4062-4074.

[94] Y. J. Liang, L. Wang, Y. Wen Y, et al. High-content ductile coherent nanoprecipitates achieve ultrastrong high entropy alloys[J]. Nature Communications, 2018, 9(1): 4063.

[95] W. F. Smith, J. Hashemi. Foundations of materials science and engineering. USA: McGraw-Hill Inc, 2009.

[96] J. P. Liu, J. X. Chen, T. W. Liu, et al. Superior strength-ductility CoCrNi medium-entropy alloy wire[J]. Scripta Materialia, 2020, 181: 19-24.

[97] S. Q. Xia, M. C. Gao, Y. Zhang. Abnormal temperature dependence of impact toughness in Alx-CoCrFeNi system high entropy alloys[J]. Materials Chemistry and Physics, 2018, 210: 213-221.

［98］ M. X. Yang, L. L. Zhou, C. Wang, et al. High impact toughness of CrCoNi medium-entropy alloy at liquid-helium temperature［J］. Scripta Materialia, 2019, 172: 66-71.

［99］ L. Wang, Y. M. Feng, Z. G. Mao, et al. Mechanical Properties of a CrCoNi Medium Entropy Alloy in a Gradient Twin Structure［J］. Journal of Materials Engineering and Performance, 2022, 31: 7402-7411.

［100］ K. S. Ming, X. F. Bi, J. Wang. Strength and Ductility of CrFeCoNiMo Alloy with Hierarchical Microstructures［J］. International Journal of Plasticity, 2019, 113: 255.

［101］ P. Sathiyamoothi, J. Moon, J. W. Bae, et al. Superior cryogenic tensile properties of ultrafine-grained CoCrNi medium-entropy alloy produced by high-pressure torsion and annealing ［J］. Scripta Materialia, 2019, 163: 152-156.

［102］ L. Wang, Y. M. Feng, Z. G. Mao, et al. Mechanical properties of a CrCoNi Medium Entropy Alloy in a gradient twin structure［J］. Journal of Materials Engineering and Performance, 2022, 31: 7402-7411.

［103］ L. Wang, X. Y. Hao, Q. Su, et al. Ultrasonic Vibration-Assisted Surface Plastic Deformation of a CrCoNi Medium Entropy Alloy: Microstructure Evolution and Mechanical Response ［J］. JOM, 2022, 74: 4202-4214.

［104］ Y. T. Xi, X. W. Zhao, L. Wang, et al. Effect of Ultrasonic Vibration Surface Plastic Deformation Forces on Microstructure and Mechanical Properties of a Medium Entropy Alloy［J］. Journal of Materials Engineering and Performance, 2022, pre-print.

［105］ Y. Ma, F. Yuan, M. M. Yang, et al. Dynamic shear deformation of a CrCoNi medium-entropy alloy with heterogeneous grain structures［J］. Acta Materialia, 2018, 148: 407-418.

［106］ W. J. Lu, X. Luo, D. Ning, et al. Excellent strength-ductility synergy properties of gradient nano-grained structural CrCoNi medium-entropy alloy［J］. Journal of Materials Science and Technology, 2022, 112(17): 195-201.

［107］ X. B. Feng, H. K. Yang, R. Fan, et al. Heavily twinned CoCrNi medium-entropy alloy with superior strength and crack resistance［J］. Materials Science and Engineering A, 2020, 788: 139591.

［108］ G. A. He, Y. F. Zhao, B. Gan, et al. Mechanism of grain refinement in an equiatomic medium-entropy alloy CrCoNi during hot deformation［J］. Journal of Alloys and Compounds, 2020, 815: 152382.

［109］ D. Y. Li, Y. Zhang. The ultrahigh charpy impact toughness of forged AlxCoCrFeNi high entropy alloys at room and cryogenic temperatures［J］. Intermetallics, 2016, 70: 24-28.

［110］ K. Lu. Gradient Nanostructured Materials［J］. Acta Metallurgica Sinica, 2015, 51: 1-10.

［111］ X. L. Wu, P. Jiang, L. Chen, et al. Extraordinary strain hardening by gradient structure ［J］. Proceedings of the National Academy of Sciences of the United States of America, 2014, 111: 7197-7201.

［112］ W. J. Lu, X. Luo, Y. Q. Yang, et al. Hall－petch relationship and heterogeneous strength of CrCoNi medium－entropy alloy［J］. Materials Chemistry and Physics, 2020, 251: 123073.

［113］ Y. Liu, Y. He, S. L. Cai. Effect of gradient microstructure on the strength and ductility of medium－entropy alloy processed by severe torsion deformation［J］. Materials Science and Engineering: A, 2021, 801: 140429.

［114］ Y. Liu, Y. He, S. L. Cai. Gradient recrystallization to improve strength and ductility of medium－entropy alloy［J］. Journal of Alloys and Compounds, 2021, 853: 157388.

［115］ J. Gu, L. X. Zhang, S. Ni, et al. Effects of grain size on the microstructures and mechanical properties of 304 austenitic steel processed by torsional deformation［J］. Micron, 2018, 105: 93－97.

［116］ H. Huang, J. Y. Wang, H. L. Yang, et al. Strengthening CoCrNi medium－entropy alloy by tuning lattice defects［J］. Scripta Materialia, 2020, 188: 216－221.

［117］ W. Guo, Z. R. Pei, X. H. Sang, et al. Shape－preserving machining produces gradient nanolaminate medium entropy alloys with high strain hardening capability［J］. Acta Materialia, 2019, 170: 176－186.

［118］ Sathiyamoorthi P, Asghari－Rad P, Bae J W, et al. Fine tuning of tensile properties in CrCoNi medium entropy alloy through cold rolling and annealing［J］. Intermetallics, 2019, 113: 106578.

［119］ Gwalani B, Soni V, Lee M, et al. Optimizing the coupled effects of Hall－Petch and precipitation strengthening in a Al0.3CoCrFeNi high entropy alloy［J］. Materials & Design, 2017, 121: 254－260.

［120］ Deng H W, Xie Z M, Zhao B L, et al. Tailoring mechanical properties of a CoCrNi medium entropy alloy by controlling nanotwin－HCP lamellae and annealing twins［J］. Materials Science & Engineering A, 2019, 744: 241－246.

［121］ Lu K. Making strong nanomaterials ductile with gradients, Science, 2014, 345: 1455－1456.

［122］ Slone C E, Chakraborty S, Miao J, et al. Influence of deformation induced nanoscale twinning and FCC－HCP transformation on hardening and texture development in medium－entropy CrCoNi alloy［J］. Acta Materialia, 2018, 158: 38－52.

［123］ Moravcik I, Cizek J, Kovacova Z, et al. Mechanical and microstructural characterization of powder metallurgy CoCrNi medium entropy alloy［J］. Materials Science & Engineering A, 2017, 701: 370－380.

［124］ Guan S, Wan D, Solberg K, et al. Additive manufacturing of fine－grained and dislocation populated CrMnFeCoNi high entropy alloy by laser engineered net shaping［J］. Materials Science & Engineering A, 2019, 761: 138056.

［125］ Tong Z, Ren X, Jiao J, et al. Laser additive manufacturing of FeCrCoMnNi high-entropy alloy: Effect of heat treatment on microstructure, residual stress and mechanical property

［J］. Journal of Alloys and Compounds, 2019, 785: 1144-1159.

［126］ Xiang S, Luan H, Wu J, et al. Microstructures and mechanical properties of CrMnFeCoNi high entropy alloys fabricated using laser metal deposition technique［J］. Journal of Alloys and Compounds, 2019, 773: 387-392.

［127］ Zhu Z G, An X H, Lu W J, et al. Selective laser melting enabling the hierarchically heterogeneous microstructure and excellent mechanical properties in an interstitial solute strengthened high entropy alloy［J］. Materials Research Letters, 2019, 7: 453-459.

［128］ Xu Z, Zhang H, Li W, et al. Microstructure and nanoindentation creep behavior of CoCrFeMnNi high-entropy alloy fabricated by selective laser melting［J］. Additive Manufacturing, 2019, 28: 766-771.

第2章
超声振动制备梯度孪晶结构简介

通常，通过改变成分（加入更多的碳或其他元素）或改变其微观结构，可以使钢铁变得更强、更硬或更耐腐蚀。当一块铁片被反复弯曲时会逐渐变硬，这个过程被称为加工硬化。发生硬化是因为材料在反复弯曲过程中产生了晶体缺陷，例如点缺陷、位错和晶界，这些缺陷阻碍了位错运动，使金属更难变形。这种基于引入"缺陷"的方法（用缺陷而不是引入其他化学元素进行合金化）也是改善金属材料性能的一种途径。其中一种极端的强化材料的途径是将晶粒尺寸从微米尺度（"粗粒度"）减小到纳米尺度。纳米晶的铝或铜可能会变得比高强度钢更硬，但这些纳米晶材料由于局部应变抵抗变形，在拉伸（拉伸变形）时可能会非常脆，并产生裂纹。在抑制拉伸纳米材料的应变局部化并使其具有延展性方面，人们做了大量的工作。构筑梯度微观结构，即晶粒尺寸从表面的纳米尺度增加到芯部的粗晶级是材料提高塑性的有效途径。

梯度纳米结构是指材料的结构单元尺寸在空间上呈梯度变化，从纳米尺度连续增加到宏观尺度，如图2-1所示。梯度纳米结构在钢等金属材料的强度-塑性匹配方面有极强的优势：梯度纳米结构拉伸塑性很大程度上由粗晶组织基体决定，粗晶基体组织具有良好的塑性变形能力，在拉伸过程中具有很高的拉伸应变和加工硬化能力，可有效地抑制表层纳米晶粒结构在变形过程中可能产生的应变集中和早期颈缩，从而延迟表面纳米晶粒结构的变形局部化和裂纹萌生，使纳米晶粒组织表现出良好的拉伸塑性变形能力。

图2-1所示为工程材料中4种典型的微观结构梯度。对于金属和合金来说，结构梯度比化学梯度更容易实现，且不一定是单一结构的梯度变化，例如晶粒尺寸梯度和孪晶厚度梯度在材料中可能同时存在。梯度纳米结构（Gradient Nanostructured，GNS）金属和合金通常表面为纳米晶，芯部组织为粗晶，且晶粒尺寸呈梯度变化。

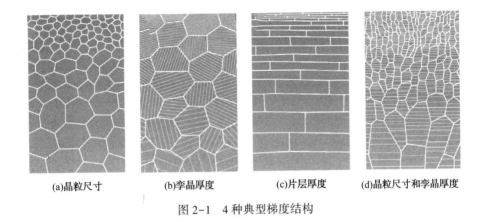

(a)晶粒尺寸　　　(b)孪晶厚度　　　(c)片层厚度　　(d)晶粒尺寸和孪晶厚度

图2-1　4种典型梯度结构

2.1　梯度材料的性能

2.1.1　表层硬度梯度与耐磨性

　　根据 Hall-Petch 关系，同种材料的强度和硬度与晶粒尺寸 D 有关，晶粒越小，硬度越高。研究表明，金属材料的耐磨性总是随显微硬度的增加而增加。Amano 等通过超声纳米晶表面改性使得晶粒细化，从而使 AZ91D 镁合金的磨损率降低了 30%。徐等通过等径通道挤压实现的晶粒细化可以提高 AZ31B 合金的耐磨性，并且耐磨性随着道次的增加而增加。Sun 等研究表明，通过表面机械研磨(Surface Mechanical Attrition Treatment，SMAT)处理的 AZ91D 镁合金由于晶粒细化强化效应改善了材料的耐磨性。Leonardo 等研究了 316L 经过剧烈塑性变形(Severe Plastic Deformation，SPD)处理后(如表面机械研磨或喷丸处理，由于硬质颗粒在特定条件下冲击表面，导致了强烈的塑性变形并且发生了表面的晶粒细化)硬度增加到 3.6HV，相较于没有经过 SPD 的试样硬度增加了约 71%。这种优异的表面硬度减少了机械磨损，有益于增强材料的抗摩擦腐蚀性能。

　　当同种材料表层为细晶粒而内部为粗晶粒且晶粒尺寸呈梯度变化时，根据霍尔-佩奇关系，表层的细晶组织对应着高的硬度，芯部的粗晶则硬度下降，且材料硬度随晶粒尺寸梯度变化。根据 Archard 磨损定律，材料耐磨性与硬度相关，磨损量与硬度 H 成反比，材料耐磨性与磨损表面的硬度成正比。研究表明，梯度结构金属材料会导致相似的硬度梯度。例如 Lu 等利用表面机械碾磨处理在块状纯 Cu 上制备出了由表面向内的梯度纳米结构纯 Cu。其变形层为 500~700μm，其平均晶粒尺寸由表面 20nm 呈梯度增加至微米尺度，同时其显微硬度由表面 1.65GPa 梯度变化至芯部 0.75GPa。

梯度晶粒结构导致了硬度梯度，在强塑性变形下，材料表面硬度提高从而增强材料耐磨性，Sun 等在电化学和单向滑动相结合的条件下，研究了经球形喷丸表面机械研磨处理的 AISI 304 不锈钢在 0.9% NaCl 溶液中的摩擦腐蚀行为。在经过 SMAT 后材料硬度从 220HV 呈梯度增加到表面约 480HV。同时在所有测试条件下，SMAT 都有效地将材料磨损量减少了一半以下，并降低了与氧化铝滑块的摩擦系数。研究表明，摩擦腐蚀行为的改善归因于表面机械研磨处理引起的表面硬化。Ge 等通过干滑动磨损试验，研究了 Mg-3Al-1Zn 合金在不同激光脉冲能量下激光冲击强化(Laser Shock Peening，LSP)后的磨损行为。结果表明：随着激光能量的增加，Mg-3Al-1Zn 合金表层晶粒尺寸减小。当激光能量一定时，可以制备出纳米结构的表面层。与母材相比，激光冲击处理后 Mg-3Al-1Zn 合金塑性变形层的显微硬度显著提高且在变形层厚度方向呈梯度变化。与未处理样品相比，激光冲击样品的平均磨损率大幅降低。激光处理试样耐磨性的提高主要归因于激光冲击处理产生的晶粒细化和应变硬化。Luo 等研究了超声波表面滚压(Ultrasonic Surface Rolling，USR)对球墨铸铁在不同法向载荷下的表面粗糙度、硬度和摩擦学性能的影响。结果表明：USR 处理后，表面粗糙度从 1499nm 降低到 60nm，降低了 96%；表面硬度从约 185HV 增加到约 255HV(硬度呈梯度变化，变形层厚度约为 0.8mm)，提高了 37.8%。可以发现，表层梯度纳米结构形成的硬度梯度对提高材料耐磨性十分有利。

2.1.2 疲劳性能

疲劳是金属材料在结构应用中最常见的失效模式。在疲劳状态下，裂纹主要产生在加载材料的表面，然后在循环加载过程中传播到内部。因此，表面或近表面的一些特征，如表面粗糙度和残余应力会影响材料的疲劳寿命。表面粗糙度的影响主要发生在裂纹起始阶段，这是由于表面的不规则性导致局部应力集中，这可能产生局部大的塑性变形，最终导致裂纹的产生。此外，残余应力的存在也会影响裂纹扩展，拉伸应力载荷促进裂纹起裂和加快裂纹扩展，但是压缩残余应力的引入可以延缓或阻止裂纹扩展。

梯度纳米结构材料一般在变形过程中会产生严重塑性变形，由于表面压缩残余应力(Compressive Residual Stress，CRS)和在表面区域形成的细晶粒结构从而改善材料疲劳性能。例如，Dureau 等通过超声表面机械研磨处理制备了具有表面梯度晶粒结构的 304L 不锈钢。结果表明，经过表面处理后疲劳极限增加了约 30%。Lei 等通过表面机械轧制处理制备了梯度纳米结构 AISI 316L 不锈钢，轴向拉压疲劳试验表明：疲劳极限从粗晶(Coarse Grained，CG)样品的约 180MPa 增加到 GNS 样品的约 320MPa，GNS 试样的疲劳寿命是 CG 试样的 30 倍以上。梯度纳米结构样品的疲劳强度和寿命相对于均匀的粗晶粒样品同时提高。Kumar 等通过 SMAT 在 718 高温合金表面形成梯度纳米结构，结果表明：经过表面处理的试样疲劳寿命比原始试样提高了两倍以上，原因是表面细晶结构和压缩残余应力延缓了疲劳裂纹的产生和扩展。Roland 等通过表面机械研磨处理制备了梯度纳米结构 316L 不锈钢，对其疲劳行为进行了研究。结果表明，由于梯度纳米结构的存在，阻碍了位错的运动，延缓了裂纹的产生。局部塑性变形的表面层还导致高压缩残余应力，从而能够更好地抵抗疲劳裂纹扩展。体现为疲劳寿命的极大提高以及疲劳强度的增加。

尽管有纳米结构的表面层和较高的压缩残余应力，但一些表面强塑性变形也强烈影响材料表面粗糙度和完整性，这会降低部件的抗疲劳性。Qu 等通过表面机械研磨处理在两种铝合金上得到了表面梯度纳米结构。结果表明，表面处理使缺口敏感性较低合金（2024）的疲劳性能显著改善，但是却对具有高缺口敏感性铝合金（7075）的疲劳性能有害，这是由于喷丸能量对粗糙度和表面完整性的影响。

2.1.3 强度-塑性匹配

当均匀晶粒材料受拉伸时，不同晶粒的塑性变形几乎同时发生。由于相邻晶粒不能协调变形，晶界上的位移不匹配，可能会发展出晶界上的应力和应变局部化，从而产生空洞或裂纹。对于具有晶粒尺寸梯度的材料，塑性变形首先发生在粗晶粒中，随着载荷的增加，塑性变形逐渐向小晶粒扩展。有序的塑性变形释放不同尺寸相邻晶粒间的晶间应力，从而抑制应变局部化。在较高的载荷下，这种应变离域过程在越来越细的晶粒中逐渐发生，直到最上层的纳米晶层。有效抑制应变局部化和早期颈缩，使纳米颗粒与样品其他部位同时伸长，其塑性变形机制被激活。

与传统材料的强度和延展性之间的权衡不同，梯度纳米结构材料的抗拉延性比粗晶结构强好几倍，这实现了强度-塑性协同作用。均匀粗晶、均匀纳米晶及粗晶纳米晶随机机械混合等结构中，整体强度的增加伴随着延性的损失，导致"香蕉形"曲线，如图 2-2 所示。梯度纳米结构避免了这种延性损失，梯度结构中表面更小的纳米颗粒或更厚的梯度可能会进一步提高强度-塑性协同作用。在一些梯度纳米晶或梯度纳米孪晶材料中发现了异常优越的强度和塑性组合。梯度纳米晶无间隙原子（Interstitial Free，IF）钢板的延性增强可以解释为宏观应变梯度和应力状态变化引起的额外应变硬化。

图 2-2 中曲线显示了均匀粗晶（CG）金属均匀细化到纳米晶（Nanosized Grains，NG）金属过程中强度的提升是以牺牲延展性为代价的，粗晶粒和纳米晶

粒(CG+NG)的机械混合也表现出了类似的强度-延展性权衡。相比之下，另一曲线则体现出了屈服强度和延展性之间的协同作用，这是通过梯度纳米晶粒（Gradient Nanograined，GNG）结构实现的。

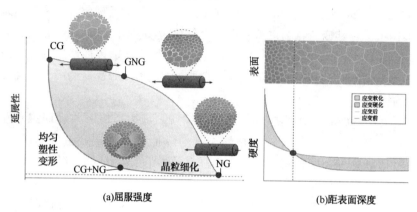

(a)屈服强度   (b)距表面深度

图2-2   梯度纳米晶粒结构的强度-延展性协同和应变软化和硬化

纳米晶金属的拉伸脆性是由于应变局部化和早期颈缩的叠加而产生的，这是由于加工硬化不足造成的。为了在纳米晶结构中提供加工硬化和非局部应变，Lu等设计了一种独特的结构：一层纳米颗粒材料附着在相同材料的延性粗晶基板上；在它们之间放置粒度梯度的过渡层。这种结构具有晶粒尺寸（晶界密度）的梯度空间变化，这种材料弹性均匀，但塑性呈现梯度，使应变和加工硬化能够从粗晶基体上离域。这一原理适用于具有各种晶界（包括孪晶界）的不同晶粒形貌（如等轴晶、层状晶和柱状晶）。它导致的塑性变形行为与均质的纳米晶和粗晶样品有根本的不同。

块状粗晶金属的表面塑性变形可产生晶粒尺寸的空间变化，导致应变和应变速率也由表面向内部呈梯度变化。目前主要通过表面机械变形处理方法来获得梯度结构金属材料。在表层生成的纳米级晶粒是通过非常高的应变速率和应变梯度形成的，这与通常获得亚微米级晶粒的常规塑性变形不同。另外，可以通过控制沉积动力学的沉积过程（物理和化学气相沉积或电沉积）制备梯度纳米结构，这使得微结构和/或化学成分的空间变化能够分级。

2.2 梯度材料的制备

目前梯度结构金属材料的主要制备方法有：物理/化学沉积、表面机械变形、轧制、激光冲击强化、累积叠轧焊等。此处只对物理/化学沉积、表面机械变形进行介绍。

2.2.1 物理/化学沉积

物理/化学沉积，包括电沉积法，磁控溅射和激光或电子束沉积法等，可通过控制参数(例如温度、电流密度)达到对材料微观结构的精确控制。Lin 等通过物理/化学沉积可以制备出具有梯度纳米结构的金属材料。例如通过电镀沉积制备了具有晶粒尺寸和孪晶厚度双梯度的 Ni 板，沿厚度方向，晶粒尺寸梯度从芯部 15.8μm 减少到 2.5μm，孪晶厚度梯度从 72nm 减少到表面 29nm。通过磁控溅射交替沉积 Cu 和 Zr 制备出梯度纳米结构 Cu-Zr 样品，片层厚度从基体的 100nm 梯度变化为表面的 10nm。

随着增材制造的发展，基于激光或电子束沉积的 3D 打印可以制造出具有成分梯度或相梯度的合金。与其他技术相比，物理和化学沉积方法对于梯度纳米结构的设计制造具有优势，因为它们能够精确控制晶粒尺寸、梯度厚度等。

2.2.2 表面机械变形

在表面处理过程中，施加的塑性应变和累积的总塑性应变从顶面向内部存在梯度分布。晶粒细化的程度由施加的塑性应变的累积决定。因此，塑性应变梯度引起细化晶粒尺寸的梯度分布。

表面机械变形处理根本上就是在金属材料表面发生强塑性变形，根据表面变形方式的不同，具体可分为表面机械研磨处理(Surface Mechanical Attrition Treatment，SMAT)、表面机械碾磨处理(Surface Mechanical Grinding Treatment，SMGT)和表面机械滚压处理(Surface Mechanical Rolling Treatment，SMRT)，如图 2-3 所示。

在表面机械研磨处理过程中[图 2-3(a)]，材料表面在短时间内受到许多直径为几毫米的硬质钢球的冲击，这些钢丸通常通过高功率超声波或其他能量转移模式加速到高速。研究表明，304L 不锈钢、316L 不锈钢、718 高温合金等材料经过表面机械研磨处理均制备出了表面梯度纳米结构。

在表面机械碾磨处理过程中[图 2-3(b)]，硬质的半球形 WC/Co 压头压在试样表面，通过将柱状试样旋转并移动，WC/Co 压头在试样表面通过滑动摩擦完成表面塑性变形。Lei 在 280℃ 下，通过表面机械研磨(滑动摩擦)处理在 AISI 316L 不锈钢上合成了具有全奥氏体相的梯度纳米结构表面层。

在表面机械滚压处理过程中[图 2-3(c)]，硬质的 WC/Co 球压在试样表面，通过 WC/Co 球在试样表面连续滚动产生塑性变形，这个过程与表面机械碾磨处理过程类似。

除此之外，制备材料表面梯度结构的方法还有热处理、激光冲击强化、累积叠轧焊等。热处理主要被用于改善材料表面性能，如渗碳/氮及表面淬火等，通过热处理，可以使材料或工件表面硬度强度得到提升，但其对材料整体强度塑性作用不大。虽然可以做到表面晶粒细化同时保持内部粗晶结构，但其并未做到梯度变化，界面较为明显。激光冲击强化是一种商业技术，用于处理各种金属部件的表面，以改善其表面性能。Ge 等通过不同激光脉冲能量下激光冲击强化处理制备了梯度纳米结构 Mg-3Al-1Zn 合金，除了梯度微观结构，激光冲击喷丸过程中会使处理表面得到高的残余应力。这种残余应力可以减缓表面附近疲劳裂纹的形成，提高了其抗摩擦磨损性能。累积叠轧焊是在两层或多层材料之间形成强界面结合的常用技术。当前，累积叠轧焊已成功制备出各种梯度纳米结构金属和合金。在此过程中，通过两个旋转辊碾磨和压缩板材样品。随着轧制道次的增加，板材厚度减小，晶粒变细，同时施加额外的剪切变形以诱导晶粒细化，甚至形成梯度结构类似于 SMRT。与前面的表面机械变形处理相比，累积叠轧焊更适合加工大型板材样品和工业化生产。

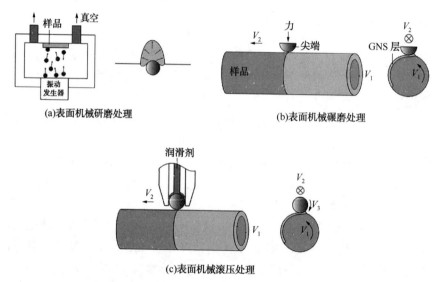

图 2-3　三种表面机械变形方式

2.3　超声振动简介

近年来，超声振动(Ultrasonic Vibration，UV)作为强塑性变形(Severe Plastic Deformation，SPD)领域广泛应用的方法引起了关注。一些关于超声辅助金属成形过程的实验和建模的报道已经发表，如压缩和镦粗、拉丝、深拉、热挤压和微挤压。虽然，以往大多数研究的主要目的是利用超声表面效应降低成形力，但是其中有许多也涉及了高强度超声振动对金属塑性变形过程中微观组织变化的影响。

早在 20 世纪 50 年代，Blaha 和 Langenecker 所做的研究就表明，超声振动的应用显著地改变了材料在塑性变形中的行为。尽管许多研究者对超声波能量辅助塑性变形的潜在优点进行了大量的实验和数值分析，但是其物理原理仍然有待揭示。目前，对其变形机理主要有两组理论，即应力叠加理论和 SPD 理论。根据应力叠加理论，超声振动作用下材料的塑性行为保持不变，SPD 理论纯粹是稳态应力和交变应力宏观叠加的结果。我国对超声波辅助塑性加工的研究起步较晚，从 20 世纪 90 年代起，才开始在超声波辅助拉丝、冲裁、粉末冶金和镦粗变形等领域进行研究。

超声振动作为强塑性变形可以在材料中以连续弹塑性波的形式有效传输能量，其独特的高频率、大应变率的塑性变形机制是其他 SPD 方法所很少具备的。当通过超声冲击处理、超声纳米晶粒表面改性和超声表面滚动加工将超声振动直接应用于块体类材料的 SPD 工艺时，超声纳米晶粒细化的效率已被证明优于其他 SPD 方法。由于其振动幅度小，只在表面具有相对较小的影响范围，在晶粒细化上具有较大的优势，晶粒细化程度随着深度的增加而逐渐减小，形成典型的梯度结构，因此超声振动可以作为一种新型 SPD 方法。

作为一种绿色制造的有效技术，超声振动辅助成形技术在工业界得到了广泛应用。其具有成本低、节能减排、产品质量高等优点，已成为一种有发展前景的成形技术。

2.3.1　超声振动辅助塑性变形的机理

超声振动处理装置如图 2-4 所示。超声振动操纵器由 28kHz 压电陶瓷换能器组成，用于将超声波发生器提供的电振荡转换为超声波。微振动通过喇叭进一步放大，喇叭驱动刀头顶部的超硬碳化钨-钴（WC-Co）滚球（直径：6mm，表面粗糙度 Ra：0.1μm，硬度：80HRC）产生高频振动。

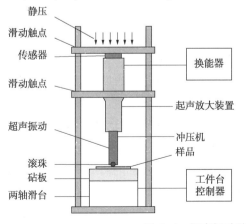

图 2-4　超声振动处理装置

超声振动辅助塑性成形技术具有许多优点，如降低变形阻力和摩擦力，改善零件表面质量等。图2-5比较了无超声振动的常规拉伸试验和塑性变形期间短暂施加超声振动的试验，获得了工程应力-应变曲线。当应变为0时即超声振动开始时，立即产生约20MPa的流动应力，随后慢慢下降，流动应力降低量大致保持不变，直到超声振动关闭，流动应力立即增加。

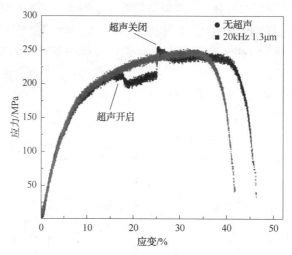

图2-5　常规拉伸试验的工程应力-应变曲线，以及在应变为
0时临时施加超声振动的试验（应变率：0.06/s）

超声振动可以降低流动应力，变形机制包括超声软化、应力叠加和应变硬化。在间歇振动试验中，材料在停止超声振动后表现出残余软化效应。通过扫描电镜（Scanning Electron Microscope，SEM）观察材料的微观结构，表明超声振动可以促进变形孪晶的产生，导致晶粒细化以及孪晶的减少，这也是影响残余软化效果的主要因素。超声振动的机理可分为体积效应和表面效应，体积效应能很好地降低材料的流动应力，表面效应能显著提高材料的表面粗糙度。体积效应的影响机制包括应力叠加效应、动态冲击效应、声软化效应。

这些影响是复杂耦合的，通过大量的实验和理论，表明了其在纵向振动模式下的合理性和可靠性。然而，针对超声横向振动的报道较少，同时纵向振动与横向振动的影响机理是不同的。Huang等进行了无摩擦试验，研究声密度对试样接触端温度和硬度的影响，发现摩擦系数的影响并不显著。改进后的微观结构特征，包括退火孪晶界的数量减少、晶粒重新定向和内部的错取向减少，都是超声振动产生的材料微观结构的永久效应。

在超声振动的作用下，特别是在高强度的作用下，流动应力显著下降。即使在振动消除后，应变硬化也有显著的变化。这种残余的声硬化或软化可归因于位错相互作用、增殖或退火的变化。有关超声软化的机理在过去已经进行了大量的实验和理论研究，结果表明：软化效应除了位错迁移率的变化，还可归因于摩擦效应、热软化和应力叠加。超声辅助成形加工，大多数拉伸试验研究采用沿试样轴线的超声振动，然而，在成形过程中施加的振动是横向作用于板料表面的。根据试样和变形板之间的接触情况，诱发振动的性质可能是纵波和/或横波。在目前的研究中，拉伸试验是通过使试样承受横向振动来进行的，横向振动更接近预期的制造过程。

2.3.2　超声振动辅助变形的方式

2.3.2.1　超声辅助搅拌摩擦焊

搅拌摩擦焊(Friction Stir Welding，FSW)工艺作为一种固态焊接技术，已成为高强度铝合金首选的连接工艺。超声波装置由喇叭、换能器和发电机组成。传统搅拌摩擦焊(Conventional Friction Stir Welding，CFSW)的工作原理非常简单，它是一个由工具钢或不锈钢制成的具有异形笔尖的非消耗性工具，通过不断旋转插入要连接的薄片或金属表面。热生成工具所造成的旋转以及销之间的摩擦加热工具中间部分和金属连接会使材料出现塑性流动，在表面附近会导致沉淀物质从前到后，从而使凝固后固态接合。当相似金属和不同金属之间进行 CFSW，焊核区金属似乎具有高度的塑性变形，从而产生动态再结晶。它允许材料在焊接件中通过在再结晶、等轴和精制晶粒之间滑动来实现固态流动。

超声振动不仅可以减小轴向力，从而增强材料流动，而且可以避免过程中温度的升高。搅拌摩擦焊接期间的原始温度分布会导致底部材料流动不良，超声辅助搅拌摩擦焊(Ultrasonic Assisted Friction Stir Welding，UAFSW)有助于减少缺陷，提高焊接强度。超声振动工艺中，在低振幅高频超声振荡的驱动下，超声持续作用于金属材料表面，导致表层严重塑性变形，晶粒尺寸减小、微观结构细化和几何修改。此外，通过超声振动，有害的拉伸残余应力得到有效消除，并在金属表面施加一层压缩残余应力，从而提高表面显微硬度、耐腐蚀性、疲劳寿命和强度。显微组织分析同样证实，UAFSW 有助于缓解金属间层，并改善材料在焊接界面上的扩散。因此，在搅拌摩擦焊的过程中叠加超声振动是一个非常有价值的过程。

2.3.2.2　超声振动增强等通道转角挤压

高强度的超声振动在金属中的传播对金属的力学性能和显微组织性能可以产

生影响。若直接在塑性变形区对材料进行超声振动的叠加，可以改善传统等通道转角挤压(Equal Channel Angular Pressing，ECAP)工艺的局限性。强塑性变形工艺，特别是等通道转角挤压(ECAP)工艺被认为是一种实用且有效的超细晶粒(Ultra-Fined Grain，UFG)材料生产方法，但由于采用超声振动增强等通道转角挤压(Ultrasonic Vibration Enhanced Equal Channel Angular Pressing，超声振动-ECAP)工艺处理的试样塑性变形较为均匀，因此可以消除传统ECAP工艺中常见的折叠缺陷。使用超声振动-ECAP方法在试样的顶部和底部的表面都获得了较高的等效塑性应变值。与ECAP试样相比，超声振动-ECAP试样沿长度方向的变形不均匀程度减小，沿宽度方向的变形不均匀程度增加。采用较高的振幅可改善塑性变形的均匀性，并且在使用超声振动-ECAP工艺处理的铝样品中观察到显著的晶粒细化。超声振动-ECAP处理后的试样显微组织比常规ECAP处理后的试样更加均匀和精细，但是成形载荷大、需要多次成形、摩擦和应变不均匀性高，超声振动-ECAP工艺的效率也因此受到限制。

2.3.2.3 超声表面轧制

SPD技术是一种用于块状材料实现晶粒细化和改善力学性能的新技术。在静压和动态冲击的共同作用下，超声表面滚动成为一种很有前景的表面强化方法，可以在表面形成基于SPD的强化层。由于SPD产生的超细化晶粒，其具有较好的稳定性，加工表面的硬度、质量，疲劳寿命，耐腐蚀和耐磨性显著提高。

超声振动被广泛应用于辅助金属的塑性变形和改变材料的微观组织中，并且已被证实在塑性变形过程中可以增强金属的塑性，降低金属的流动应力。这些是由于超声振动的热效应和非热效应耦合，从而提高了位错迁移率的结果。研究发现，奥氏体钢在超声振动处理的影响下，晶粒组织发生了转变，疲劳寿命比未处理的钢有所提高。

2.3.2.4 超声探头辅助搅拌铸造工艺制备

工业应用中不断研发具有更高材料性能的新型结构材料，如热、磨损和机械性能，并且具备易于制造的特点。超轻、高孔隙率、高压缩、高能量吸收和低热导率的高强度等特性使这些材料成为海洋工业、航空航天、军事和汽车应用的理想结构。

将陶瓷微粒子混合到铝合金中，可以提高材料的性能，如硬度、韧性、强度、耐磨性等。近年来，微粒子逐渐应用于制造金属基复合材料，并且已经有实验证明，当微粒子均匀分布时，材料的性能会更好。一些研究人员提到，微粒子均匀分布材料的密度、硬度、耐磨性和耐腐蚀性，特别是在强度方面有大幅度的增强，再加上疲劳寿命和耐高温蠕变性能都有所提高。通过搅拌铸造路线的液体冶金法已被证明是一种生产能力高、成本低的极具潜力的超细颗粒分布方法。超声振动辅助搅拌铸造技术是在微观水平上细化复合材料、脱气、净化铝液、保证颗粒均匀分布的最佳途径之一。

2.3.2.5　超声振动辅助焊接工艺

不锈钢管是工程领域的重要结构，环焊缝是连接管道系统的常见接头类型。焊接残余应力是伴随焊接而产生的固有产物，在整个焊接区域及邻近区域都具有复杂的分布。它通常在焊接区域具有相对较大的拉应力，接近或超过室温下材料的屈服强度。残余应力，尤其是拉伸残余应力，最终可能会导致焊接结构中的一系列失效过程，包括脆性断裂、疲劳、应力腐蚀开裂和高温下的再热开裂。因此，研究降低焊接残余拉应力，甚至引入压应力的有效方法，有助于确保焊接结构(包括焊管系统)的使用寿命。

超声振动在焊管中的作用如图2-6所示，图2-6(b)为经处理后的焊管，其表面覆盖有均匀的凹痕。大部分关于超声振动诱导应力的研究都涉及尺寸相对较小的板试样或焊接接头，而对焊接管道系统，特别是工程规模的不锈钢管环焊缝进行超声焊接后的应力状态研究很少。超声振动适用于大尺寸零件的局部区域处理，如局部补焊、局部应力集中区域以及狭窄操作空间内需要用其他方法进行处理的区域。

(a)超声振动图片　　　　　　　　　(b)超声振动区域外观

图2-6　超声振动在焊管中的作用

超声振动是减轻焊接残余应力的有效方法，甚至可以在整个过程中引入压应力。超声振动工艺中，在低振幅高频超声振荡的驱动下，超声持续作用于金属材料表面，导致表层严重塑性变形，晶粒尺寸减小、微观结构细化和几何修改。此外，通过超声振动，有害的拉伸残余应力得到有效消除，并在金属表面施加一层压缩残余应力，从而提高表面显微硬度、耐腐蚀性、疲劳寿命和强度。与其他技术对焊管的作用相比，超声振动具有生产率高、成本低、使用轻质组件具有更好的移动性，以及以不同式样和清洁度处理不同类型焊缝的良好灵活性的优点。

2.3.3 超声振动对材料塑性变形的影响

在过去的几十年中，超声振动作为一种辅助方法被广泛应用于各种制造过程，包括机械加工、成形、焊接和冲击处理。通过对金属成形过程的观察，超声波会引起"软化效应"，在变形过程中叠加的超声波会显著降低新晶粒的形成。同时，在超声振动辅助成形中，材料的力学性能也可以得到改善。超声振动下材料的变形行为不同于传统的变形行为，在超声振动辅助镦粗中，晶粒得到明显细化。此外，在 UV 辅助成形后，工件的表面质量明显改善，这也得益于在UV辅助拉丝过程中，裂纹和碎片等缺陷减少。此外，由于表面微凸体的较大塑性变形，在 UV 辅助压缩中，表面粗糙度明显降低。这些情况主要归因于 UV 产生的应力叠加、声学软化效应、摩擦条件转移和动态冲击效应。由于振动能量传递到试样中，超声波可以促进材料的微观结构和固有特性的变化。

在对纯铜进行的超声辅助微拉伸试验中，试样的标距长度为毫米级，其红外成像的温度分布如图 2-7 所示。图 2-7(a) 为红外摄像机的整个视野以及在虚线区域内标记的样本的位置。成像过程中超声波夹持器位于左侧，与电动机相连的移动夹持器则位于右侧，未使用 UV[图 2-7(b)～(d)]和使用 UV[图 2-7(e)～(g)]的拉伸试验的热图像快照按时间顺序显示。在这 2 个试样中，由于发生了塑性变形，在拉伸试验期间观察到温度升高，在截面中温度升高明显，但随着热量通过传导和对流散失，温度下降。总的来说，红外成像显示出与 UV 相关的试样温升最小。

图 2-8 所示为纯铜在频率为 20kHz，应变率为 0.06/s，振幅为 1.3μm UV 作用下的金相显微图像。可在这两张图像之间识别出退火孪晶数量的显著差异。使用 ImageJ 软件中的粒子分析功能来执行定量成像测量，结果表明：在没有 UV 的情况下，孪晶区的面积分数约为 3.3%，而在 UV 存在的情况下，孪晶区的面积分数仅为 1.8%，降低了 1.5%。

金相显微结构表征表明，超声辅助试样中退火孪晶的比例减少，与超声波振动相关的温升最小。施加 UV 后，材料的流动面积显著增加，且超声振幅对

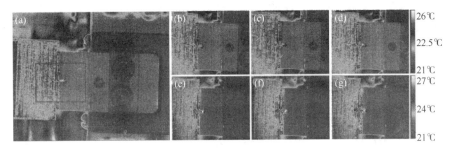

图 2-7 红外成像视场；分别按时间顺序放大无 UV(b)～(d)
和有 UV(e)～(g)的测试图像

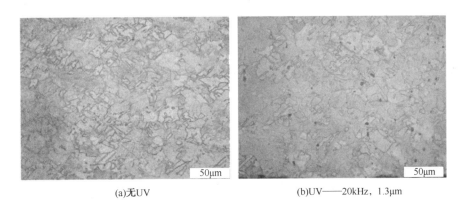

(a)无UV   (b)UV——20kHz，1.3μm

图 2-8 金相显微图像

材料流动面积的影响大于频率的影响。金属成形过程中超声波的另一个典型影响是，经过超声波处理后，材料的强度和应变硬化行为发生永久性变化，这被称为"残余效应"。通常，随着超声波能量吸收的增加，残余效应变得更加明显，直到达到饱和值，残余效应也受到材料类型的影响。研究表明，铜和铝基合金通常表现出残余硬化效应，而钛合金在 UV 辅助变形的过程中表现出残余软化效应。

对变形层厚度的测量表明，声塑性效应引起更严重的变形可导致层厚度的增加或减少，这取决于变形的严重性和摩擦热量。近些年微观结构研究表明，UV 在焊接过程中起着复杂的作用。在混合阶段，声塑性效应导致材料变形厚度增加，并且增强了稳定的第二相粒子的应变诱导溶解。在冷却过程中，材料的超声时效发生在第二相粒子从过饱和溶液中反复析出的过程中，并且由共格相转变成为过渡相和稳定相。Ahmadi 等发现，超声波振动显著影响纯铝的塑性行为，从而降低流动应力。Zhao 和 Liu 指出，流动应力的损失与塑性流动区域密切相关，这可以通过超声波振动过程中提出的材料流动模型来解释。同时，已经发现超声振动以动态冲击的形式驱动且作用于成形区域的成形工具，从而产生应力波，激活位错并促进材料的进一步塑性流动。Vahdati等研究表明，UV的动态效应与超声波辅助增量成形过程中的材料流动和表面效应密切相关，他指出叠加的动态应力降低了静态流动应力。此外，Hu等发现，较大的超声波能量所引起的表面塑性变形增强了超声波动态冲击力，从而降低了成形应力。同时，研究也表明，UV的动态冲击所产生的分离效应有助于降低切削力，改善表面质量，提高切削效率。施加超声振动后，也可以观察到成形工具和材料板之间的分离效果。Patil等发现，不连续接触是抛光力降低的主要原因之一。分离效应表明材料板和成形工具并不总是相互接触，据报道，这有利于减小成形应力、增强成形性以及改善表面的质量。

参 考 文 献

[1] FANG T H, LI W L, TAO N R, et al. Revealing extraordinary intrinsic tensile plasticity in gradient nano-grained copper[J]. Science, 2011, 331(6024): 1587-1590.

[2] 卢柯. 梯度纳米结构材料[J]. 金属学报, 2015, 51(1): 1-10.

[3] WEI Y, LI Y, ZHU L, et al. Evading the strength-ductility trade-off dilemma in steel through gradient hierarchical nanotwins[J]. Nature Communications, 2014, 5: 1-8.

[4] KOU H N, LU J, LI Y. High-strength and high-ductility nanostructured and amorphous metallic materials. [J]. Advanced materials, 2014.

[5] LI X Y, LU L, LI J G, et al. Mechanical properties and deformation mechanisms of gradient nanostructured metals and alloys[J]. Nature Reviews Materials, 2020, 5(9): 706-723.

[6] LIU Y, JIN B, LI D J, et al. Wear behavior of nanocrystalline structured magnesium alloy induced by surface mechanical attrition treatment[J]. Surface & Coatings Technology, 2015, 261: 219-226.

[7] AUEZHAN A, OLEKSIY V P, YOUNG S K, et al. Effects of ultrasonic nanocrystalline surface modification on the tribological properties of AZ91D magnesium alloy[J]. Tribology International, 2012, 54: 106-113.

[8] HU H J, SUN Z, OU Z W, et al. Wear behaviors and wear mechanisms of wrought magnesium alloy AZ31 fabricated by extrusion-shear[J]. Engineering Failure Analysis, 2017, 72: 25-33.

[9] XU J, WANG X W, ZHU X C, et al. Dry sliding wear of an AZ31 magnesium alloy processed by equal-channel angular pressing[J]. Journal of Materials Science, 2013, 48(11): 392-398.

[10] STEPHANIA K, LEONARDO B C, ALBERTO M, et al. Impact of industrially applied surface finishing processes on tribocorrosion performance of 316L stainless steel[J]. Wear, 2020,

456-457.

[11] SUN Y, BAILEY R. Improvement in tribocorrosion behavior of 304 stainless steel by surface mechanical attrition treatment[J]. Surface & Coatings Technology, 2014, 253: 284-291.

[12] LUO X S, DUAN H T, LI J, et al. Effect of ultrasonic surface rolling on dry sliding tribological behavior of ductile iron under different normal loads[J]. Metals and Materials International, 2021(prepublish).

[13] MAIYA P S, BUSCH D E. Effect of surface roughness on low-cycle fatigue behavior of type 304 stainless steel. Metall[J]. Trans. A, 1975, 6: 1761.

[14] WEBSTER G A, EZEILO A N. Residual stress distributions and their influence on fatigue lifetimes[J]. Int. J. Fatigue, 2001, 23: 375-383.

[15] CLÉMENT D, MARC N, MANDANA A, et al. On the influence of ultrasonic surface mechanical attrition treatment (SMAT) on the fatigue behavior of the 304L austenitic stainless steel [J]. Metals, 2020, 10(1): 1-14.

[16] LEI Y B, WANG Z B, XU J L, et al. Simultaneous enhancement of stress－ and strain－controlled fatigue properties in 316L stainless steel with gradient nanostructure[J]. Acta Materialia, 2019, 168: 133-142.

[17] KUMAR S, CHATTOPADHYAY K, SINGH V, et al. Low cycle fatigue life of the alloy IN718 enhanced through surface nanostructuring[J]. Materials Characterization, 2020, 159(C): 32315.

[18] ROLAND T, RETRAINT D, LU K, et al. Fatigue life improvement through surface nanostructuring of stainless steel by means of surface mechanical attrition treatment[J]. Scripta Materialia, 2006, 54(11): 1949-1954.

[19] QU S G, REN Z J, HU X F, et al. The effect of electric pulse aided ultrasonic rollingprocessing on the microstructure evolution, surface properties, and fatigue properties of a titanium alloy $Ti_5Al_4Mo_6V_2Nb_1Fe$[J]. Surface & Coatings Technology, 2021, 421: 127408.

[20] LU K. NANOMATERIALS. Making strong nanomaterials ductile with gradients[J]. Science(New York, N. Y.), 2014, 345(6203): 1455-1456.

[21] LU K. Stabilizing nanostructures in metals using grain and twin boundary architectures[J]. Nature Reviews Materials, 2016, 1(5): 1-13.

[22] LU K. IN Proc. 35th Riso Int. Symp. Mater. Sci. (eds Faster, S., Hansen, N., Juul Jensen, D., Ralph, B. & Sun, J.)80-102(Roskilde, 2014). A comprehensive review article on gradient nanostructures in metals.

[23] LU K & LU J. Nanostructured surface layer on metallic materials induced by SMAT[J]. Mater. Sci. Eng, 2004, A 375-377: 38-45.

[24] LIN Y, PAN J, ZHOU H F, et al. Mechanical properties and optimal grain size distribution profile of gradient grained nickel[J]. Acta Materialia, 2018, 153: 279-289.

［25］ HOFMANN D C, ROBERTS S, OTIS R, et al. Developing gradient metal alloys through radial deposition additive manufacturing. ［J］. Scientific reports, 2014, 4(1): 5357.

［26］ TAN X P, KOK Y P, TAN Y J, et al. Graded microstructure and mechanical properties of additive manufactured Ti－6Al－4V via electron beam melting［J］. Acta Materialia, 2015, 97: 1–16.

［27］ 杨晓松, 孙田浩, 邓想涛, 等. 梯度结构钢铁材料的研究进展［J］. 材料热处理学报, 2022, 43(1): 1–9.

［28］ MA X L, HUANG C X, XU W Z, et al. Strain hardening and ductility in a coarse－grain/nanostructure laminate material［J］. Scripta Materialia, 2015, 103: 57–60.

［29］ ZHANG L, CHEN Z, WANG Y H, et al. Fabricating interstitial－free steel with simultaneous high strength and good ductility with homogeneous layer and lamella structure［J］. Scripta Materialia, 2017, 141: 111–114.

［30］ HAN Q. Ultrasonic processing of materials［J］. Metallurgical & Materials Transactions B, 2015, 46(4): 1603–1614.

［31］ YLA C, SS B, QH C, et al. Microstructure of the pure copper produced by upsetting with ultrasonic vibration［J］. Materials Letters, 2012, 67(1): 52–55.

［32］ CHENG G, PAN, HUA C, et al. Microstructure and thermal physical parameters of Ni_{60}－Cr_3C_2 composite coating by laser cladding［J］. Journal of Wuhan University of Technology－Materials Science Edition, 2010, 25(6): 991–995.

［33］ TAKASHI J, YUKIO K, NOBUYOSHI I, et al. An application of ultrasonic vibration to the deep drawing process［J］. Journal of Materials Processing Technology, 1998, 98: 406–412.

［34］ BUNGET C, NGAILE G. Influence of ultrasonic vibration on micro－extrusion［J］. Ultrasonics, 2011, 51(5): 606–616.

［35］ SHI L, WU C S, LIU H J. Numerical analysis of heat generation and temperature field in reverse dual－rotation friction stir welding［J］. International Journal of Advanced Manufacturing Technology, 2014, 74(1/2/3/4): 319–334.

［36］ DJAVANROODI F, AHMADIAN H, KOOHKAN K, et al. Ultrasonic assisted－ECAP［J］. Ultrasonics, 2013, 53(6): 1089–1096.

［37］ EAVES A E, SMITH A W, WATERHOUSE W J, et al. Review of the application of ultrasonic vibrations to deforming metals［J］. Ultrasonics, 1975, 13(4): 162–170.

［38］ JI R, LIU Y, SUET T, et al. Efficient fabrication of gradient nanostructure layer on surface of commercial pure copper by coupling electric pulse and ultrasonics treatment［J］. Journal of Alloys and Compounds, 2018, 764: 51–61.

［39］ 李国英, 刘继成. 超声振动在金属塑性加工的应用［J］. 东北林业大学学报, 1989, 17(4): 114–118.

［40］ 王国栋. 超声振动压力加工的现状与展望［J］. 热加工工艺, 1980, (8): 3–17.

［41］张士宏. 金属材料的超声塑性加工［J］. 金属成形工艺，1994，12(3)：102-106.

［42］ABHISHEK P，GIRISH C V，HARIHARAN K，et al. Erratum to：Dislocation density based constitutive model for ultrasonic assisted deformation［J］. Mechanics Research Communications，2018，90：4-6.

［43］KUMAR S，WU C S. A novel technique to join Al and Mg alloys：Ultrasonic vibration assisted linear friction stir welding-ScienceDirect［J］. Materials Today：Proceedings，2018，5(9，Part 3)：18142-18151.

［44］刘艳雄. 超声波辅助大塑性变形细化材料晶粒研究［D］. 武汉：武汉理工大学，2012.

［45］仲崇凯，管延锦，姜良斌，等. 金属超声振动塑性成形技术研究现状及其发展趋势［J］. 精密成形工程，2015，7(1)：9-15.

［46］程涛，刘艳雄，华林. 超声波振动辅助精冲成形工艺研究［J］. 锻压技术，2016，41(4)：25-30，35.

［47］解振东. 镁/铝合金超声振动辅助塑性成形中的材料变形行为与超声作用机制研究［D］. 济南：山东大学，2019.

［48］ZHANG M，ZHANG D，GENG DAXI，et al. Surface and sub-surface analysis of rotary ultrasonic elliptical end milling of Ti-6Al-4V［J］. Materials & Design，2020，191：7-10.

［49］ZHAO W，WU C S，SU H. Numerical investigation of heat generation and plastic deformation in ultrasonic assisted friction stir welding［J］. Journal of Manufacturing Processes，2020，56：967-980.

［50］ZHAO W，WU C S. Constitutive equation including acoustic stress work and plastic strain for modeling ultrasonic vibration assisted friction stir welding process［J］. International Journal of Machine Tools and Manufacture，2019，145：103-134.

［51］MOHSEN K，OMID B，MOHAMMAD R R. Finite element simulation and experimental investigation of residual stresses in ultrasonic assisted turning［J］. Ultrasonics，2020，108：5-10.

［52］SAEED B，KAREN A，HAN Q. Ultrasonic assisted equal channel angular extrusion(UAE)as a novel hybrid method for continuous production of ultrafine grained metals［J］. Materials Letters，2016，169：19-31.

［53］JAVIDRAD H，SALEMI S. Determination of elastic constants of additive manufactured inconel 625 specimens using an ultrasonic technique［J］. The International Journal of Advanced Manufacturing Technology，2020，107(3)：25-42.

［54］WANG X，QI Z，CHEN WE. Investigation of mechanical and microstructural characteristics of Ti-45Nb undergoing transversal ultrasonic vibration-assisted upsetting［J］. Materials Science & Engineering A，2021，813：7-15.

［55］ZHANG Q，YU L，SHANG X，et al. Residual stress relief of welded aluminum alloy plate using ultrasonic vibration［J］. Ultrasonics，2020，107：106-164.

［56］SUN Z，YE Y，XU J，et al. Effect of electropulsing on surface mechanical behavior and microstructural evolution of inconel 718 during ultrasonic surface rolling process[J]. Journal of Materials Engineering and Performance, 2019, 28(11): 10-24.

[57] MCDONALD E J, HALLAM K R, BELL W, et al. Residual stresses in a multi-pass CrMoV low alloy ferritic steel repair weld [J]. Materials Science and Engineering A, 2002, 325(1/2): 454-464.

[58] MALAKI M, DING H. A review of ultrasonic peening treatment[J]. Materials & Design, 2015, 87(12): 1072-1086.

[59] SINGH K C, RAO N S, MAJUMDAR B C. Effect of slip flow on the steady-state performance of aerostatic porous journal bearings[J]. Journal of Tribology, 1984, 106(1): 156-162.

[60] El-BATANONY, I, G, et al. Effect of the matrix and reinforcement sizes onthe microstructure, the physical and mechanical properties of Al – SiC composites [J]. Journal of Engineering Materials and Technology, 2017, 139(1): 23-37.

[61] SACHIN K. Ultrasonic assisted friction stir processing of 6063 aluminum alloy[J]. Archives of Civil and Mechanical Engineering, 2016, 16(3): 13-18.

[62] PAGIDI, MADHUKAR, et al. Tribological behavior of ultrasonic assisted double stir casted novel nano-composite material(AA7150-hBN)using Taguchi technique[J]. Composites Part B Engineering, 2019, 175: 56-62.

[63] LIU Z, GE Y, ZHAO D, et al. Ultrasonic assisted sintering using heat converted from mechanical energy[J]. Metals-Open Access Metallurgy Journal, 2020, 10(7): 9-14.

[64] WANG X, WANG C, LIU Y, et al. An energy based modeling for the acoustic softening effect on the Hall – Petch behavior of pure titanium in ultrasonic vibration assisted micro – tension [J]. International Journal of Plasticity, 2021, 136: 4-6.

[65] GüNAY B A. Ultrasonic assisted incremental equal angular channel pressing process of AA 6063[J]. Advanced Engineering Materials, 2020, 23(2): 1-5.

[66] TEIMOURI R, LIU Z. An analytical prediction model for residual stress distribution and plastic deformation depth in ultrasonic-assisted single ball burnishing process[J]. The International Journal of Advanced Manufacturing Technology, 2020, 111(1): 1-21.

[67] ZHIYUAN L, YANG G, ZHAO D, et al. Ultrasonic Assisted Sintering Using Heat Converted from Mechanical Energy[J]. Metals, 2020, 10(7): 7-9.

[68] SEETHARAM R, MADHUKAR P, YOGANJANEYULU G, et al. Mathematical models to predict flow stress and dynamically recrystallized grain size of deformed AA7150-5wt% B4C composite fabricated using ultrasonic-probe assisted stir casting process[J]. Metals and Materials International, 2021.

[69] WILLERT M, ZIELINSKI T, RICKENS K, et al. Impact of ultrasonic assisted cutting of steel on surface integrity[J]. Procedia CIRP, 2020, 87(C): 15-19.

[70] MOHSEN K, OMID B, MOHAMMAD REZA RAZFAR. Finite element simulation and experi-

mental investigation of residual stresses in ultrasonic assisted turning[J]. Ultrasonics, 2020, 108(prepublish): 8-13.

[71] KUMAR S, WU C S, PADHY G K, et al. Application of ultrasonic vibrations in welding and metal processing: A status review[J]. Journal of Manufacturing Processes, 2017, 26(APR.): 295-322.

[72] MENG B, CAO B N, WAN M, et al. Constitutive behavior and microstructural evolution in ultrasonic vibration assisted deformation of ultrathin superalloy sheet[J]. International Journal of Mechanical Sciences, 2019, 157: 609-618.

[73] JK A, XUN L A, MX B. Plastic deformation of pure copper in ultrasonic assisted micro-tensile test-ScienceDirect[J]. Materials Science and Engineering: A, 2020, 785: 5-22.

[74] LIU T, LIN J, GUAN Y, et al. Effects of ultrasonic vibration on the compression of pure titanium[J]. Ultrasonics, 2018, 89: 26-33.

[75] BAGHERZADEH S, ABRINIA K, LIU Y, et al. The effect of combining high-intensity ultrasonic vibration with ECAE process on the process parameters and mechanical properties and microstructure of aluminum 1050[J]. International Journal of Advanced Manufacturing Technology, 2017, 88(1/2/3/4): 229-240.

[76] AHMADI F, FARZIN M, MANDEGARI M. Effect of grain size on ultrasonic softening of pure aluminum[J]. Ultrasonics 2015, 63: 111-117.

[77] JIAN Z, LIU Z. Investigations of ultrasonic frequency effects on surface deformation in rotary ultrasonic roller burnishing Ti-6Al-4V[J]. Materials & Design, 2016, 107: 238-249.

[78] VAHDATI M, MAHDAVINEJAD R, AMINI S. Investigation of the ultrasonic vibration effect in incremental sheet metal forming process[J]. Proceedings of the Institution of Mechanical Engineers, Part B: Journal of Engineering Manufacture, 2017, 231(6): 27-44.

[79] HU J, TETSUHIDE S, MING Y. Investigation on ultrasonic volume effects: Stress superposition, acoustic softening and dynamic impact[J]. Ultrasonics Sonochemistry, 2018, 48: 240-248.

[80] ZHANG X, HE S, JIANG X, et al. Measurement of Ultrasonic-frequency Repetitive Impulse Cutting Force Signal[J]. Measurement, 2018, 129: 34-77.

[81] ZHANG X, SUI H, ZHANG D, et al. Feasibility study of high-speed ultrasonic vibration cutting titanium alloy [J]. Journal of Materials Processing Technology, 2017, 247(19): 111-120.

[82] PATIL S, JOSHI S, TEWARI A, et al. Modelling and simulation of effect of ultrasonic vibrations on machining of Ti_6Al_4V[J]. Ultrasonics, 2014, 54(2): 694-705.

[83] ZHANG X, SUI H, ZHANG D, et al. An analytical transient cutting force model of high-speed ultrasonic vibration cutting [J]. The International Journal of Advanced Manufacturing Technology, 2018, 95(9/10/11/12): 3929-4101.

[84] CHEN Z, LIU C, RANI EKTA, et al. Ultrasonic vibration-induced severe plastic deformation

of Cu foils: effects of elastic – plastic stress wave bounce, acoustic softening, and size effect[J]. The International Journal of Advanced Manufacturing Technology, 2021, 115(11/12): 5-8.

[85] FARTASHVAND V, ABDULLAH A, VANINI S S. Investigation of Ti-6Al-4V alloy acoustic softening[J]. Ultrasonics Sonochemistry, 2016, 38: 744-749.

[86] HUNG J C, LIN C C. Investigations on the material property changes of ultrasonic-vibration assisted aluminum alloy upsetting[J]. Materials & Design, 2013, 45(Mar.): 412-420.

[87] ZHEN-DONG X, YAN-JIN G, XIAO-HUI Y, et al. Effects of ultrasonic vibration on performance and microstructure of AZ31 magnesium alloy under tensile deformation[J]. Journal of Central South University, 2018, 25(7): 1545-1559.

第3章

表面塑性变形后CrCoNi 中熵合金的微观结构表征

本研究采用传统及超声振动辅助表面摩擦处理(Surface Friction Treatment, SFT)在不同变形力下制备了梯度孪晶结构的 CrCoNi-MEA，对不同变形力作用下各区域的微观结构进行了表征。

3.1 实验用 CrCoNi 中熵合金

本书所使用的 MEA 的组成具有 CrCoNi(原子比为 1∶1∶1)的标称组成，是 Cr、Co 和 Ni 的纯金属混合物[纯度>99.95%(质量分数)]，使用商业纯元素通过真空感应熔炼制备的，在真空熔炼炉中熔炼两次以上，以确保成分均匀。将材料熔化两次以使组合物均匀化。铸锭在 1200℃ 下处理 2h，以消除不均匀性并最大限度地减少偏析，然后用水淬火至室温。

3.2 表面滑动摩擦处理过程

3.2.1 传统表面滑动摩擦处理过程

表面梯度纳米结构是通过传统表面滑动摩擦处理工艺形成的，其具有球—盘接触结构，即直径为 10mm 的碳化钨-钴(WC-Co)球在高压下承受正常静态载荷。实验是在一个定制设计的设备上进行的(见图 3-1)。在表面滑动摩擦处理工艺之前，CrCoNi 中熵合金板的厚度为 2mm。在实验过程中，表面塑性变形被施加到 CrCoNi 中熵合金板上，抵靠 WC-Co 球。将进行表面滑动摩擦处理的样品牢固地安装在由两个电动机驱动的沿水平和垂直轴独立移动的工作台上。滑动实验在 500N 的正常载荷下以 0.2m/s 的滑动速度进行，持续时间为 100 个循环(~

5min/循环)。压力方向垂直于 MEA 样品的表面，在干燥条件下进行处理面积为 $57×16mm^2$ 的表面滑动摩擦处理。CrCoNi 中熵合金板的上表面和下表面均通过表面滑动摩擦处理工艺进行处理。经过表面滑动摩擦处理程序后，样品的厚度变化不大。

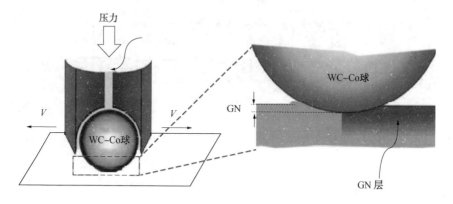

(a)传统表面滑动摩擦处理示意

(b)实物

图 3-1　传统表面滑动摩擦处理的示意和实物

3.2.2　超声振动表面滑动摩擦处理过程

另外，本书还通过使用超声振动表面摩擦处理(Ultrasonic Vibration Surface Friction Treatment，UV-表面滑动摩擦处理或称 UV-SFT，超声振动 SFT)对所研究的 CrCoNi 中熵合金进行了表面塑性变形，并将结果与传统机械表面摩擦处理工艺的结果进行了比较。图 3-2(a)为超声振动表面摩擦处理 T 过程示意。在向碳化钨-钴(WC-Co)压头施加一定压力后，该变形力通过超声波振动在 CrCoNi 中熵合金上进行表面摩擦变形。控制器可以控制变形力、转速、进给速度、超声波振动频率和振幅。本工作通过 UV–表面滑动摩擦处理制备了三种样品。超声振动表面摩擦处理过程采用三种变形力进行，即 300N、450N 和 750N，而其他参数保持不变，即振幅为 5μm，频率为 20kHz，转速为 75r/min。通过控制变形力来影响梯度孪晶结构层，并对所制备的具有梯度结构的 CrCoNi 中熵合金的力学性能进行了评价和研究。

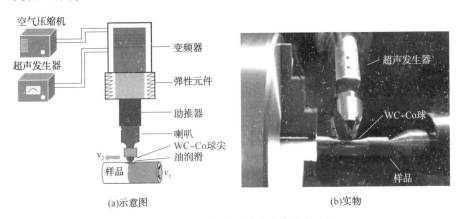

(a)示意图　　　　　　　　　　　(b)实物

图 3-2　超声振动表面滑动摩擦处理过程

3.3　微观组织表征技术

用于微观组织表征的技术手段有金相显微镜、扫描电子显微镜、透射电子显微镜。

3.3.1　金相显微镜

金相学是以光学显微和体视显微为代表的材料科学的一个分支，它对金属材料的微观结构进行分析和表征。它不仅考虑了定性和定量成像对显微结构的评价，还考虑了所需样品的制备。主要反映晶粒大小和分布，以及一些非金属夹杂物或晶体缺陷。

本研究所用金相显微镜型号为 Axio A1、Zeiss、Germany，如图 3-3 所示，对 CrCoNi 中熵合金进行均匀退火处理后的初始组织进行表征。由于样品较小，对样品进行镶样处理，金相试样尺寸图及实物镶样俯面图如图 3-4 所示，使用 200#、500#、800#、1500#、2000# 号砂纸打磨样品表面，使用 3μm 和 1μm 的金刚石抛光膏在自动磨抛机上对样品进行抛光，抛光结束后使用酒精进行清洗，最后使用 5%（体积分数）的氯化铁 [由 5%（体积分数）的王水稀释乙醇制备的溶液] 蚀刻以表征其微观结构。

图 3-3　Axio A1 光学显微镜

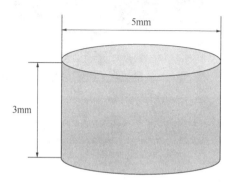

图 3-4　金相试样尺寸及实物镶样俯面图

3.3.2　扫描电子显微镜

扫描电子显微镜(Scanning Electron Microscope，SEM)是一种介于透射电子显微镜和光学显微镜之间的观察仪器。其利用聚焦得很窄的高能电子束来扫描样品，通过光束与物质间的相互作用，来激发各种物理信息，对这些信息收集、放大、再成像以达到对物质微观形貌表征的目的。新式的扫描电子显微镜的分辨率可以达到1nm，放大倍数可以达到30万倍及以上连续可调，并且景深大、视野大、成像立体效果好。此外，扫描电子显微镜和其他分析仪器相结合，可以做到观察微观形貌的同时进行物质微区成分分析。扫描电子显微镜在岩土、石墨、陶瓷及纳米材料等的研究上均有广泛应用，因此扫描电子显微镜在科学研究领域具有重大作用。

扫描电子显微镜的主要原理是基于电子与物质之间的相互作用。当一束具有一定能量的电子束轰击材料的表面时，在受激区域产生包含样品信息的不同电子：二次电子、俄歇电子、特征 X 射线、背散射电子、透射电子和可见紫外光、红外光以及电磁辐射。通过这些电子与样品之间相互作用的数据，能了解材料的各种物理和化学特性，例如表面形貌、晶体结构、化学组成、电子结构等。

在电子扫描中，把电子束从左到右方向的扫描运动叫作行扫描或称作水平扫描，把电子束从上到下方向的扫描运动叫作帧扫描或称作垂直扫描。两者的扫描速度完全不同，行扫描的速度比帧扫描快，对于1000条线的扫描图像来说，速度比为1000∶1。二次电子成像是使用扫描电镜所获得的各种图像中应用最广泛、分辨本领最高的一种图像。我们以二次电子成像为例来说明扫描电镜成像的原理。由电子枪发射的电子束最高可达到30keV，经会聚透镜、物镜缩小和聚焦，在样品表面形成一个具有一定能量、强度、斑点直径的电子束。在扫描线圈的磁场作用下，入射电子束在样品表面按照一定的空间和时间顺序做光栅式逐点扫描。由于入射电子与样品之间的相互作用，将从样品中激发出二次电子。由于二次电子收集极的作用，可将各个方向发射的二次电子汇集起来，再将加速极加速射到闪烁体上，转变成光信号，经过光导管到达光电倍增管，使光信号再转变成电信号。这个电信号又经视频放大器放大并将其输送至显像管的栅极，调制显像管的亮度。因而，在荧光屏上呈现一幅亮暗程度不同的、反映样品表面形貌的二次电子像。

在扫描电镜中，入射电子束在样品上的扫描和显像管中电子束在荧光屏上的扫描是用一个共同的扫描发生器控制的。这样就保证了入射电子束的扫描和显像管中电子束的扫描完全同步，保证样品上的"物点"与荧光屏上的"像点"在时间和空间上一一对应，称其为"同步扫描"。一般扫描图像是由近百万个与物点一一对应的图像单元构成的，正因如此，才使得扫描电镜除能显示一般的形貌外，还能将样品局部范围内的化学元素、光、电、磁等性质的差异以二维图像形式显示。

本章采用JSM-6380A型扫描电子显微镜（SEM）对不同样品的微观形貌进行观察。该SEM设备的电子束加速电压为20kV，工作距离（Working Distance，WD）选择9mm，束斑直径4nm，测试过程中选用二次电子（Secondary Electron，SE）和背散射电子（Back Scatter Electron，BSE）两种成像模式。试验设备如图3-5所示。

自20世纪90年代以来，随着扫描电子显微镜中电子背散射装置的发展，电子背散射图样（Electron Back-Scattering Patterns，EBSP）在表征晶体取向和晶体结构方面取得了巨大的进步。它是一种广泛应用于材料微观结构和微观结构表征的微分析技术，这种技术被称为电子背散射衍射（Electron Back Scattered Diffraction，EBSD，即取向成像显微镜或OIM，即取向成像技术）。

如今，计算机分析可以完成扫描样本和数据的自动采集，这使得EBSD程序可以在较短的时间内被处理。从采集到的数据可以得到晶粒位向图、极图和反极图以及位向分布函数，所以在很短的时间内，可以从样品内获得大量的信息。在 Channel 5 软件中有 3 个不同的模块：Tango、Mambo、Salsa，这些不同的模块有不同的功能，其中 Tango 主要用于晶粒图的描绘(包括反极图纹图和晶界图等)，Mambo 主要用于极图和反极图的描绘，Salsa 则用于位向分布函数的描绘。

图 3-5　JSM-6380A 型扫描电子显微镜

本研究使用电子背散射衍射场发射枪(型号：JSM-7001F，JEOL，Japan，如图 3-6 所示)在 20kV 电压下运行，以表征均匀退火状态下 CrCoNi 中熵合金的微观组织。从 CrCoNi 中熵合金薄片上把 EBSD 样品切割下来，然后使用金刚石膏进行研磨和抛光，最后用振动抛光机(型号：Vibr 光学显微 et2；Buehler，USA)使用 0.02μm 胶体二氧化硅溶液抛光。将制备好的 EBSD 样品放置在扫描电镜室，并将入射电子束以 20°的角度扫描样品表面，如图 3-7 所示，这个角度是用来增加背散射电子的分数的。EBSD 数据采集使用牛津的 Aztec 软件，随后采用牛津的 AztecCrystal 软件对采集的 EBSD 数据进行分析，包括晶粒取向分布和晶界分布等数据。

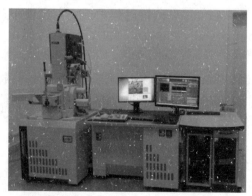

图 3-6　JSM-7001F 电子背散射显微镜

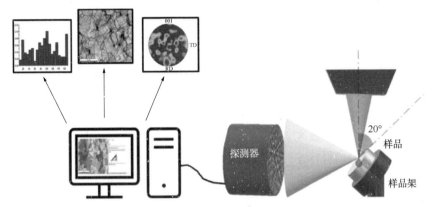

图3-7 电子背散射衍射的实验装置示意

3.3.3 透射电子显微镜

透射电子显微镜（Transmission Electron Microscope，TEM），可以看到在光学显微镜下无法看清的小于 0.2μm 的细微结构，这些结构被称为亚显微结构或超微结构。要想看清这些结构，就必须选择波长更短的光源，以提高显微镜的分辨率。1932 年，Ruska 发明了以电子束为光源的透射电子显微镜，电子束的波长比可见光和紫外光短得多，并且电子束的波长与发射电子束的电压平方根成反比，即电压越高波长越短。

TEM 是把经加速和聚集的电子束投射到非常薄的样品上，电子与样品中的原子碰撞而改变方向，从而产生立体散射角。散射角的大小与样品的密度、厚度相关，因此可以形成明暗不同的影像，影像将在放大、聚焦后在成像器件（如荧光屏、胶片，以及感光耦合组件）上显示出来。

由于电子的德布罗意波长非常短，TEM 的分辨率比光学显微镜高很多，可以达到 0.1~0.2nm，放大倍数为几万到几百万倍。因此，TEM 可以用于观察样品的精细结构，甚至可以用于观察仅仅一列原子的结构，比光学显微镜所能够观察到的最小的结构小数万倍。TEM 在中和物理学和生物学相关的许多科学领域都是重要的分析方法，如癌症研究、病毒学、材料科学，以及纳米技术、半导体研究等。

在放大倍数较低时，TEM 成像的对比度主要是由于材料不同的厚度和成分造成对电子的吸收不同。而当放大率倍数较高的时候，复杂的波动作用会造成成像亮度的不同，因此需要专业知识来对成像进行分析。通过使用 TEM 不同的模式，可以通过物质的化学特性、晶体方向、电子结构、样品造成的电子相移以及通常的对电子吸收对样品成像。

为了观察塑性变形后位错的结构和形貌以及孪晶和晶界的特征，采用 Philips C2100TEM 在 200kV 加速电压下对样品进行透射电镜微观表征，如图 3-8 所示。首先，将厚度为 0.3~0.5mm 的样品切割并机械减薄至 40μm。其次，通过打孔机切割出 3.0mm 的圆片试样，将厚度减薄至 30μm。为了确定靠近边缘区域的微观结构，朝着表面处理位置进行减薄处理。对于距离边缘 200μm 的微观结构（严重塑性变形区）的观察，减薄过程在距离表面 200μm 时停止；对于距离边缘 500μm 的微观结构（过渡区）的观察，当其距离表面 500μm 时，减薄过程停止。最后，通过双喷射稀释样品，直到试样中间出现一个小孔为止。双喷射过程中使用的电解质溶液是 95%（体积分数）的乙醇和 5%（体积分数）的高氯酸的混合溶液，温度为-20℃。在本研究中，总图像近似垂直于深度方向，拉长方向平行于表面滑动摩擦处理方向。

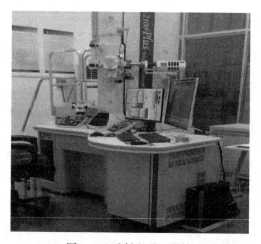

图 3-8　透射电子显微镜

3.4　微观组织表征技术

本节还主要讨论了表面塑性变形前后 CrCoNi 中熵合金微观组织的演化。微观组织表征主要通过金相显微镜、电子背散射衍射技术、透射电子显微镜技术等来完成。

3.4.1　热处理状态下 CrCoNi 中熵合金的微观组织表征

图 3-9(a)所示为均匀化热处理后所研究的 CrCoNi-MEA 的光学显微图像。可以看出，就晶粒尺寸而言，微观结构是相对均匀的。图 3-9(b)所示为均匀化热处理状态下样品的微观结构，在该状态下，材料表现出由平均晶粒尺寸为

（187.5±90）μm 的等轴晶粒组成的非常均匀的微观结构。通过进行 EBSD 分析，可以根据取向差识别晶界、亚晶界和孪晶边界［图 3-9(c)］。在均匀化退火状态下，基本上不存在亚晶界。只有在图形的下部，才会产生子晶界。图 3.9(d)所示为均匀化热处理状态下 CrCoNi-MEA 的晶界取向差分布。可以看出，HAGB 是退火后的主要部件。

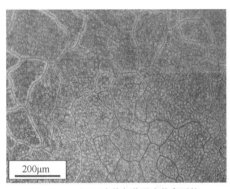

(a)CrCoNi-MEA在均匀化退火状态下的
光学显微镜图像和EBSD分析

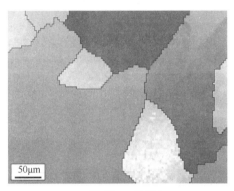

(b)反极图(IPF)晶粒图

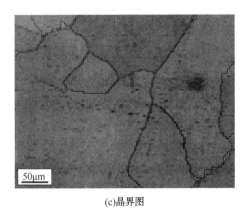

(c)晶界图

(d)晶界取向差分布

图 3-9　热处理状态下 CrCoNi-MEA 微观组织

3.4.2　传统表面塑性变形后 CrCoNi 中熵合金的微观组织表征

1. 金相显微与扫描电镜表征

在表面滑动摩擦处理后，对 CrCoNi 中熵合金横截面进行了金相显微表征，如图 3-10 所示。可以看出，表面滑动摩擦处理使中熵合金逐渐形成了明显的梯度晶粒结构。整个塑性变形层的厚度约为 1.00mm。由于表面塑性变形的梯度累积应变和沿合金深度的应变速率不同，在距离上表面不同的位置会发生不同程度的塑性变形。在塑性变形层中，晶粒尺寸由最外层的超细晶粒逐渐变为芯部的均匀退火粗晶粒。根据晶粒细化程度，塑性变形区大致可分为3个区域：①最外层靠近表面的区域（距离外表面 $0\sim50\mu m$）；②强塑性变形区域（Severe plastic deformation，严重塑性变形层，距离外表面 $50\sim250\mu m$）；③过渡区（距离外表面 $250\sim1000\mu m$）。

在梯度结构 CrCoNi 中熵合金最外层表面附近区域，晶粒明显细化，尺寸可达到亚微米级。在强塑性变形区域，晶粒尺寸逐渐过渡到微米级。在过渡区，显微组织和晶粒尺寸逐渐分布，分别与退火态的显微组织和晶粒尺寸相似。同时，在表面塑性变形过程中，尺寸梯度分布的晶粒内也形成了厚度梯度分布的孪晶结构。具体而言，孪晶厚度在靠近表面的晶粒尺寸较小的晶粒中较小，而在远离表面的晶粒尺寸较大的位置中较大。因此，可以对梯度结构 CrCoNi 中熵合金在不同累积应变或应变率下的变形模式和相应的微观结构演化机制进行深入分析。本研究将通过分析距离处理表面不同位置的微观结构来分析其变形机制。

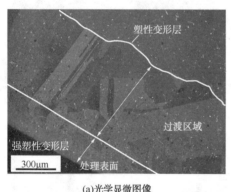

(a)光学显微图像   (b)SEM图像

图 3-10 CrCoNi-MEA 在传统表面塑性变形后

2. 透射显微分析

由于表面摩擦变形过程中对 CrCoNi 中熵合金产生了较高的残余应力，EBSD 不能准确表征表面摩擦变形后 CrCoNi 中熵合金的微观结构。因此，本文利用透射电子显微镜表征了表面摩擦变形后 CrCoNi 中熵合金的微观结构信息。本实验中选取滑动摩擦处理 CrCoNi 中熵合金表面及距离表面 $200\mu m$ 厚度处样品进行 TEM 分析。

（1）CrCoNi 中熵合金表面区域

在经过表面摩擦变形后，材料靠近表面变形区域的透射电子显微镜图像如图 3-11所示。结果表明，表面滑动摩擦处理后 CrCoNi 中熵合金显微组织发生了很大的变化。可以看到，梯度 CrCoNi 中熵合金中发现了孪晶存在，该区域的孪晶及相应的选区电子衍射(Selected Area Electron Diffraction，SAED)图如图 3-11(a)所示。除此之外，还发现产生了不同的孪晶系统，并且在某些晶粒中还可以发现不同取向的孪生体系，该区域孪晶的厚度通常小于 10nm，如图 3-11(a)和图 3-11(b)所示。在变形区附近形成了三种不同类型的次级孪晶系统：①顺序激活的两个系统；②两个孪生系统同时启动；③在不同区域激活的两个系统。此外，表面摩擦变形过程中孪晶形成的一个重要特征是其厚度非常薄。如图 3-11(c)所示，在该区域形成的一些纳米孪晶的厚度甚至在 1~2nm。

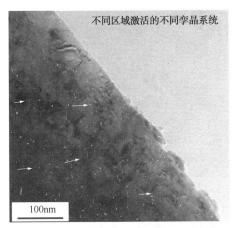

(a)具有SAED模式的孪晶

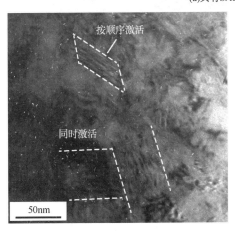
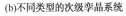

(b)不同类型的次级孪晶系统

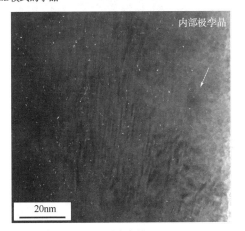

(c)纳米孪晶

图 3-11　梯度结构 CrCoNi 表面区域微观结构 TEM 图

（2）强塑性变形区域（CrCoNi 中熵合金距离表面 200μm 区域）

在经过表面摩擦变形后，距离表面 200μm 厚区域的微观结构 TEM 表征结果如图 3-12 所示。这一区域的微观结构与最外层的区域明显不同。首先，从整体上看，孪晶结构数量明显少于表面区域，该区域的孪晶结构及相应的选区电子衍射图如图3-12(a)所示。此外，在此区域存在明显的位错活动。这些位错最初形成了一些位错胞结构，如图3-3(b)所示，并且在此区域中，纳米孪晶很难发现，虽然这些纳米孪晶相比最外层更难找到，但在某些区域也可以找到厚度只有几个纳米的细孪晶，如图3-12(c)所示。

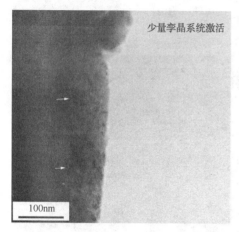
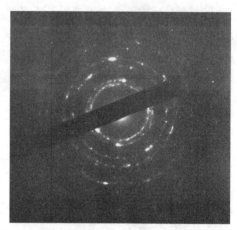

(a)具有SAED模式的孪晶

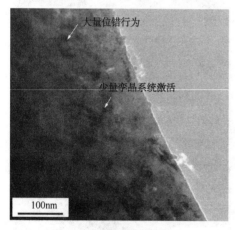
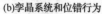
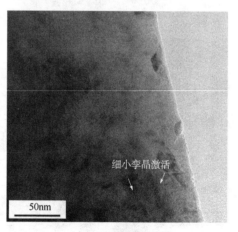

(b)孪晶系统和位错行为　　　　　　　　(c)细小的孪晶

图3-12　距离摩擦处理表面厚度200μm区域的微观结构

3.4.3　超声振动表面塑性变形处理后CrCoNi中熵合金的微观结构

图3-13所示为超声振动表面滑动摩擦处理工艺后CrCoNi中熵合金的微观结构。从图3-13(a)中可以看出，整个塑性变形层的厚度约为1.10mm，与第4章

的显微硬度测试结果一致。由于表面塑性变形的梯度累积应变和沿合金深度的应变速率，在距离上表面的不同位置发生不同程度的变形。在塑性变形层中，晶粒尺寸由最外层的超细晶粒逐渐转变为均匀化的退火粗晶粒。根据晶粒细化程度，可将塑性变形区大致分为 3 个区域：①靠近表面的最外层区域(距离外表面 0 ~ 50μm)；②严重塑性变形区域(距离外表面 50 ~ 250μm)；③过渡区域(距离外表面 250 ~ 1000μm)。

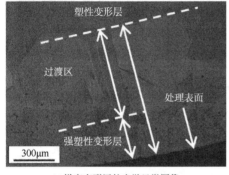

(a)梯度变形层的光学显微图像

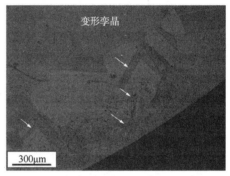

(b)变形孪晶的光学显微图像

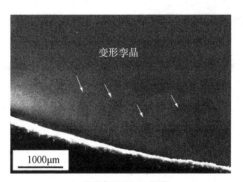

(c)变形孪晶的SEM图像

图 3-13 超声振动表面滑动摩擦处理工艺后 CrCoNi 中熵合金微观结构

在靠近最外层试样表面的区域，晶粒明显被细化，尺寸可达到亚微米级水平。在严重塑性变形区域，晶粒尺寸从亚微米级逐渐过渡到微米级。在过渡区，微观结构和晶粒尺寸逐渐由大到小分布，分别与退火状态及细晶状态的微观结构及其晶粒尺寸相似。同时，在超声振动表面塑性变形过程中，在具有尺寸梯度的分布晶粒中，也形成了具有厚度梯度分布的孪晶结构[见图 3-13(b)和图 3-13(c)]。在靠近表面的粒度较小的晶粒中，孪晶结构的厚度较小，而在远离表面的粒度较大的位置，孪晶结构的厚度较大。因此，CrCoNi 中熵合金在不同应变或应变速率下的变形模式和相应的微观结构演变机制都可以被表征分析。由于光学显微镜级扫描电子显微镜观察有一定限制，接下来采用透射电子显微镜对 CrCoNi 中熵合金在经过超声振动塑性变形后 3 个变形层的微观形貌进行表征分析。

1. 最外层微观结构

图 3-14 中的 TEM 图像显示了超声振动表面滑动摩擦处理工艺后 CrCoNi 中熵合金试样表面附近的最外层微观结构，其应变速率和累积应变最高。在超声振动表面滑动摩擦处理过程后观察到微观结构的巨大变化，原来的粗晶粒在这里被超声振动处理后改变为超细晶粒，有的晶粒甚至可达到 10nm 以下。除了含有少量位错，一些晶粒还表现出动态回复的特征。同时，可以看出大部分晶粒中存在大量的孪晶，孪晶属于多孪晶体系，形成束状。在该区域观察到大量极细的孪晶结构，孪晶厚度仅为几纳米，如图 3-14(a) 所示。在靠近表面的最外层，由于应变和应变速率足够高，一些孪晶具有曲率，如图 3-14(b) 所示，右侧的选区电子衍射 (Selected Area Electron Diffraction，SAED) 图可以证明孪晶的存在。

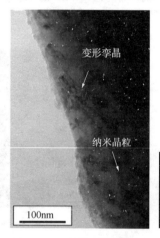

(a)孪晶和纳米晶粒的一般TEM视图　　　　　　(b)具有SAED图案的变形孪晶

图 3-14　超声振动表面滑动摩擦处理工艺后靠近 CrCoNi 中熵合金表面最外层区域微观结构

2. 严重塑性变形区微观结构

图 3-15 所示为严重塑性变形层的微观结构，该层距离变形表面 $50 \sim 250 \mu m$。图 3-15(a) 所示的微观结构由一些几乎平行的细长薄片组成，也可观察到细长薄片的边界。这表明纵向分裂进一步细化了细长薄片。细长薄片的变薄和横向断裂是超声振动表面滑动摩擦处理过程中晶粒细化的主要途径。这一发现与其他一些超声波振动塑性变形研究的结果相似。由于局部剪切变形，一些晶界开始弯曲。

此外，严重塑性变形层经历了超声波振动辅助的表面塑性变形的强烈影响。基于粗晶粒分为细长薄片晶粒这一事实，位错缠结和位错胞沿这些细长薄片晶粒的纵向和横向出现，这也是该深度处微观结构的主要特征。位错在多个位置的积累导致在细长薄片晶粒中形成位错缠结和位错胞，然后形成小角度晶界。当应变增加时，小角度晶界的取向差将通过吸收位错逐渐增加，并转变为大角度晶界。同时，严重塑性变形层中还形成了许多细小变形孪晶，如图 3-15(b) 所示。这些位错缠结、位错胞和变形孪晶将分割细长的片状晶粒，并进一步细化晶粒。

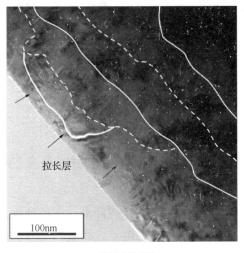
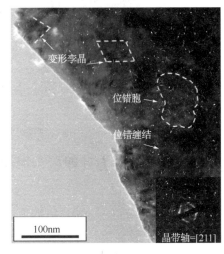

(a)细长片状晶粒　　　　　　　　(b)位错

图 3-15　超声振动表面滑动摩擦处理工艺后 CrCoNi 中熵合金严重塑性变形区域的微观结构

3. 过渡区微观结构

图 3-16 所示为 $250\sim1000\mu m$ 深度过渡区域的 TEM 显微图，其中经过超声振动处理的试样表面塑性变形与无应变基体相邻。从金相显微镜上可以看出，该深度的晶粒尺寸和形状与原始微观结构中的晶粒没有什么区别。但不同的是，该区域的晶粒中存在变形孪晶和位错行为。在图 3-16(a) 中可以看到一些平行变形孪晶，这显然属于同一个孪晶系统。

由于过渡区离塑性变形面有一定距离，此处的应变速率和累积应变相对较低，所以形成的变形孪晶较少，孪晶体系相对简单。在过渡区域中累积应变和应变率是有限的。微观结构最重要的特征是位错扩散和位错移动。由于这些位错活动，位错线逐渐演变成位错缠结和位错单元，特别是在应力集中的晶界处。从图 3-16(a) 和图 3-16(b) 中可以看出，晶粒中存在一些不均匀的位错，并且这些位错也有缠结或形成位错胞的趋势。

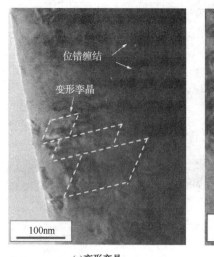

(a)变形孪晶 　　　　　　　　　　(b)位错

图3-16　超声振动表面滑动摩擦处理工艺后 CrCoNi 中熵合金过渡区的微观结构

3.4.4 不同变形力处理超声振动表面塑性变形 CrCoNi 中熵合金的微观结构

图 3-17 所示为在金相显微镜下不同变形力的超声振动表面滑动摩擦处理工艺后 CrCoNi 中熵合金的微观组织，呈现出整个变形层。由于表面塑性变形的梯度累积应变和沿合金深度的应变速率，在距离上表面的不同位置会出现不同程度的变形。

从图 3-17 中可以看出，无论变形力如何，CrCoNi 中熵合金中都可以形成梯度变形层，并且变形层中的晶粒大小都呈现梯度变化图中已标定各个变形层所在位置。在 300N、450N、750N 三种变形力下，超声振动表面处理形成的变形层的厚度显示出微小的差异（变形层厚度均为 1.0 ~ 1.1mm），这与第 4 章的显微硬度分析结果一致。

梯度塑性变形层可分为具有大晶粒尺寸的过渡区（距外表面 250 ~ 1000μm）和严重塑性变形区（距外表面 50 ~ 250μm）。在严重塑性变形区，最接近变形处理表面的区域形成了一个具有最细晶粒尺寸的区域（距外表面 0 ~ 50μm）。此外，在不同变形力的超声振动表面塑性变形后，梯度分布的晶粒中形成了许多变形孪晶体，图 3-17(a) ~ (c)都可观察到孪晶的形成。变形孪晶体的厚度也呈梯度变化趋势，孪晶体的厚度在靠近超声振动辅助塑性变形处理 CrCoNi 中熵合金样品表面的纳米晶粒尺寸较小，在过渡区尺寸较大，形成梯度分布结构。

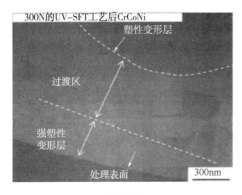

(a)300N

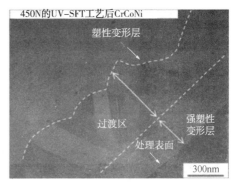

(b)450N

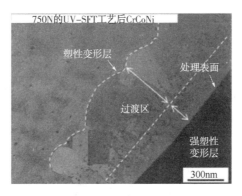

(c)750N

图 3-17　超声振动表面滑动摩擦处理工艺后 CrCoNi 中熵合金的微观结构变形力

1. 过渡区微观结构

在距离超声振动辅助塑性变形处理表面 $250\sim1000\mu m$ 处，晶粒大小呈现明显的梯度变化，称为过渡区（见图 3-18），其靠近试样核心的晶粒大小与均匀化退火时相同。图 3-18(a)为超声振动塑性变形力 300N 显微结构，可观察到有位错缠结，图 3-18(b)为变形力为 450N 时的显微结构，可观察到变形孪晶及位错运动，图 3-18(c)为变形力为 750N 时的显微结构，可观察到变形孪晶及位错运动。在过渡区由于累积应变和应变率低，这里的微观结构相对简单，主要表现为位错运动和平行孪晶。晶粒中存在一些不均匀的位错，这种位错倾向于缠结或形成位错单元。如图 3-18(c)所示，当变形力较大时一些变形孪晶体具有形成的趋势。变形孪晶容易引起动态"霍尔-佩奇"效应，增强强度-延展性。

(a)300N

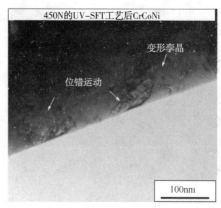
(b)450N

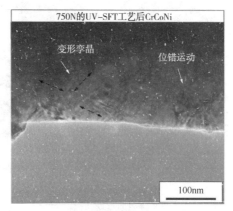
(c)750N

图 3-18　超声振动表面滑动摩擦处理工艺后 CrCoNi
中熵合金的过渡区的微观结构变形力

2. 严重塑性变形区微观结构

在距离塑性变形处理表面为 50～250μm 的范围内，形成严重塑性变形区（见图 3-19），其中累积应变和应变率相对较高，也形成细小的超细晶粒。这个区域的显著特点是在严重的塑性变形力作用下，许多大的晶粒被拉伸成一个细长的片状结构。同时，大量的位错缠结和位错单元结构出现在微观结构中，表明该区域的晶粒已经被大大细化，晶粒细化的主要方式是细长的片状晶粒和位错单元。位错在多个位置的积累导致位错缠结，并在细长的片状晶粒中形成位错胞，甚至进一步地形成低角度晶界来细化晶粒。对于严重塑性变形区的许多晶粒，由于CrCoNi 中熵合金的低堆垛层错能（Stacking Fault Energy，SFE），也会形成各种变形孪晶。值得注意的是，随着超声振动表面滑动摩擦处理过程中变形力的增加，该区域的变形孪晶逐渐增加，然后形成多孪晶系统。由于其振动幅度小，只在表面具有相对较小的影响范围，具有晶粒细化的优势，晶粒细化程度随着深度的增加而逐渐减小，形成典型的梯度结构。

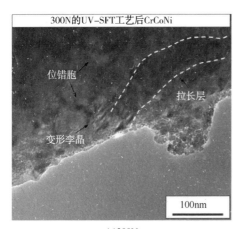

(a)300N

(b)450N

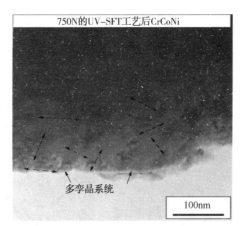

(c)750N

图3-19　超声振动表面滑动摩擦处理工艺后CrCoNi
中熵合金的严重塑性变形区的微观结构变形力

3. 不同变形力下的纳米晶粒层(靠近处理表面的最外层)

在严重塑性变形区最靠近处理后的外表面的区域，形成了厚度约为50nm的纳米晶粒层。在不同变形力下形成的纳米晶粒层的TEM显微结构如图3-20所示。可以看出，该区域的微观结构经历了严重的塑性变形，形成了纳米级的晶粒。无论变形力如何，通过超声振动表面塑性变形的作用，在CrCoNi中熵合金的晶粒中可以形成大量变形孪晶体系。不同的是，随着超声振动表面滑动摩擦处理工艺的塑性变形力的增加，形成更多的变形孪晶体系和更薄的孪晶厚度。当变形力为750N时，甚至可以形成一些纳米孪晶，如图3-20(c)所示，SAED图案证明了纳米孪晶的存在。

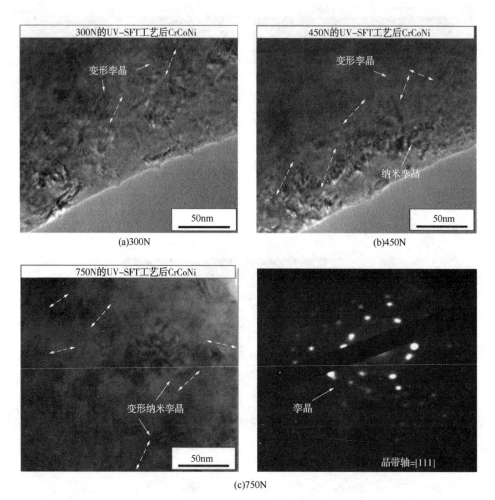

图3-20　超声振动表面滑动摩擦处理工艺后CrCoNi中熵合金最外层的微观结构变形力

3.4.5　晶粒细化和孪晶形成的机理分析

1. 梯度晶粒结构的形成

累积应变和应变速率是影响塑性变形表面不同深度晶粒细化的两个重要因素。随着与处理表面距离的增加，塑性变形应变率和累积应变越来越大，晶粒尺寸越来越小。随着距离上表面深度的减小，塑性变形程度逐渐增大。表面塑性变形压头的冲击和滚动以及应力波的传播、反射和折射使试样承受多向应力，位错密度不断增加，位错以滑动、积累、缠绕和空间重排等复杂方式相互作用，共同导致了梯度晶粒结构的形成。

根据之前的研究，塑性应变诱导晶粒细化通常有两种机制，即连续动态再结晶（Continuous Dynamic Recrystallisation，CDR）和不连续动态再结晶（Discontinuous Dynamic Recrystallisation，DDR）。连续动态再结晶机制是指在低应变下产生的位错和小角度晶界在大应变下转变为超细晶粒或纳米晶粒的大角度晶界，在这一过程中，细化晶粒是塑性变形过程中位错结构不断相互作用和演化的结果。对于不连续动态再结晶，新晶粒在预先存在的晶界处形成，并生长到有限的尺寸。

在距离处理表面250~1000μm的过渡区，累积应变和应变率受到限制。微观结构最重要的特征是位错扩散和位错运动。由于这些位错活动，位错线逐渐演化为位错缠结和位错胞，尤其是在应力集中的晶界处。随着塑性应变的进一步积累和应变速率的增加，强塑性变形区位于距变形表面50~250μm处，位错密度达到一定值。为了降低系统能量，大量位错缠结和位错胞根据湮灭和重排逐渐转化为小角度晶界或大角度晶界。随后，对原始粗颗粒进行分段。可见，本研究中CrCoNi中熵合金主要以连续动态再结晶形式形成新晶粒。在塑性变形过程中，随着塑性应变的积累，中熵合金的晶粒逐渐拉长为片状。然后，这些薄片主要通过两种变形模式细化为大致等轴晶粒：纵向分裂和横向断裂。

2. 梯度孪晶结构的形成

本研究采用表面摩擦变形的方法构建了梯度孪晶结构的CrCoNi中熵合金。在孪晶形态表征中，发现在最外层靠近变形位置的区域形成了较多的孪晶，且孪晶厚度较小。在梯度CrCoNi中熵合金中孪晶的形成可以归结为两个因素：一是堆垛层错的形成机理，二是表面塑性变形的作用。

首先，低的层错能是CrCoNi中熵合金中孪晶形成的主要因素。堆垛层错能与堆垛层错形成概率（P_{sf}）的关系可以用如下模型来描述：

$$SFE = \frac{6.6a_0}{\pi\sqrt{3}}\left(\frac{2C_{44}}{C_{11}-C_{12}}\right)^{-0.37}\frac{<\varepsilon_{50}^2>_{111}}{P_{sf}}\left(\frac{C_{44}+C_{11}-C_{12}}{3}\right) \tag{3-1}$$

式中　　　a_0——CrCoNi中熵合金的初始晶格常数；

$<\varepsilon_{50}^2>_{111}$——在<111>方向上平均距离（$L=50$）处堆垛层错引起的应变；

C_{11}、C_{12}、C_{44}——CrCoNi中熵合金材料的弹性刚度系数。

孪晶形成概率（P_{tw}）与堆垛层错形成概率（P_{sf}）成正比。由于CrCoNi中熵合金的层错能值较低,因此 CrCoNi 中熵合金的堆垛层错形成概率(P_{sf})和孪晶形成概率(P_{tw})处于较高水平。此外,孪晶成核的临界剪应力(τ_{twin})可以表示为:

$$\tau_{twin} = \frac{SFE}{Kb_s} \tag{3-2}$$

式中　b_s——位错伯格矢量;

　　　K——拟合参数。

可以看出,孪晶成核的临界剪应力(τ_{twin})也随着堆垛层错能的降低而降低。综上所述,CrCoNi 中熵合金相对较低的 SFE 可以降低孪晶成核的临界剪应力(τ_{twin}),提高堆垛层错形成概率(P_{sf})和孪晶形成概率(P_{tw})。

研究表明,通过添加合金元素来提高 CrCoNi 中熵合金的屈服强度,可能会改变其层错能和变形机制,从而使孪晶变形机制不能得到很好的利用。预塑性变形法的表面摩擦变形过程可以在不改变 SFE 的情况下调整中熵合金中的晶粒状态和组织,从而提高其屈服强度和综合力学性能。

对于表面摩擦变形的影响,Venables 于 1963 年提出了孪核临界剪应力的经典模型:

$$\left[\frac{1}{3} + \frac{(1-\upsilon)L_{pile}}{1.84\mu b} \tau^{C-twin} \right] \tau^{C-twin} = \frac{SFE_{intrinsic}}{b} \tag{3-3}$$

式中　L_{pile}——位错堆积的特征长度;

　　　υ——泊松比。

在目前的研究中,表面摩擦变形工艺会导致 CrCoNi 中熵合金表面发生严重的塑性变形,产生明显的位错堆积,从而降低孪晶形成的临界剪应力。因此,在塑性变形附近的区域更容易形成孪晶,孪晶较多。此外,Zhu 等进一步指出,即使在晶粒尺寸非常小的情况下,变形孪晶也可能是剧烈塑性变形过程中的主要机制。本研究结果与其他许多研究人员使用强塑性变形制备不同孪晶结构的结果相似。

3. 超声振动的作用

在超声振动表面摩擦处理过程中,除了静态力之外,样品还受到超声波振动引起的动态力,该动态力可能比静态力大 2.5~5.0 倍。在超声波振动辅助表面塑性变形过程中,样品的旋转和尖端沿棒的纵向滚动将在 CrCoNi 中熵合金的表面上产生大的剪切应力,而超声冲击产生应力波。当传播到 CrCoNi 中熵合金中时,应力波遇到晶体缺陷,例如位错或晶界,然后反射和折射。在具有反射和折射叠加效应的高频应力波的作用下,样品受到复合应力,以提高塑性变形程度。随着加工程度的增加,塑性变形逐渐累积。与传统塑性变形相比,超声振动表面摩擦处理工艺可能导致更严重的塑性变形层。另外，距离表面较近的纳米晶/超细晶粒区显微硬度提升明显，梯度结构在保证应变硬化率及延伸率的情况下对强度提升有显著作用。

累积应变和应变率是影响塑性变形表面不同深度处晶粒细化的两个重要因素。CrCoNi中熵合金的晶粒尺寸可通过式(3-4)、式(3-5)进行估算：

$$\ln d = a - b \ln Z \tag{3-4}$$

$$Z = \dot{\varepsilon} \exp(Q_c/RT) = A\sigma^n \tag{3-5}$$

式中　a 和 b——取决于加工条件的正常数；

　　　　d——晶粒尺寸；

　　　　Z——齐纳-霍洛蒙参数；

　　　　$\dot{\varepsilon}$——应变率；

　　　　Q_c——晶格扩散的活化能；

　　　　R——通用气体常数；

　　　　T——温度；

　　　　σ——常数；

　　　　n——应力指数。

随着与处理表面距离的增加，塑性变形应变率和累积应变变得越来越大，从而晶粒尺寸变得越来越小。随着距上表面深度的减小，塑性变形程度逐渐增加。尖端的冲击和滚动，以及应力波的传播、反射和折射，使样品承受多向应力，位错密度不断增加，位错以滑动、累积、缠绕和空间重排等复杂方式相互作用。

在距离处理表面 250~1000μm 的过渡区域，累积应变和应变率是非常有限的。CrCoNi中熵合金微观结构最重要的特征是位错扩散和位错移动。由于这些位错活动，位错线逐渐演变为位错缠结和位错胞，尤其是在应力集中的晶界，如图3-16所示，随着塑性应变的进一步累积和应变率的增加，严重塑性变形区域(位于距变形表面 50~250μm 的位置)，位错密度达到一定值。为了降低系统能量，大量位错缠结和位错单元逐渐转化为小角度晶界和大角度晶界。随后原始粗晶粒被分割，如图3-15(b)所示。在超声振动塑性变形过程中，CrCoNi中熵合金的晶粒随着塑性应变的积累而逐渐伸长为片状。最后这些细长片状物主要通过两种变形模式被细化为大致等高的晶粒：纵向分裂和横向断裂，如图3-15(a)所示。

超声振动所提供的能量与变形过程中加热所受的能量不同，超声振动的能量仅在局部区域，尤其是位错、晶界存在的区域进行吸收。在超声振动表面塑性变形过程中，由于碳化钨-钴球沿轴向滚动，使得 CrCoNi 中熵合金样品经受剪切应力，这通过纵向分裂进一步细化了细长片状晶粒。在这种应力作用下，沿晶粒纵向形成的位错线将逐渐吸收位错，并演化为位错缠结、位错壁和位错胞。随着累积应变和应变率的增加，大量位错胞逐渐转变为小角度晶界和大角度晶界。如图 3-15(a)所示，一些细长薄片的小角度晶界或大角度晶界局部发生弯曲，但不完全平行于剪切应力方向。这主要是由于在垂直于样品表面的剪切应力和法向应力下一些位错纵向产生，另一些位错横向同时产生。一些双向位错将相互作用，导致薄片的小角度晶界或大角度晶界弯曲。此外，碳化钨-钴球在超声波作用下撞击样品表面，产生垂直于表面的应力。该应力作为片材沿横向断裂的驱动力。在两种主要应力下，晶粒可以细化到纳米级(见图 3-14)。

另外，已经发现在超声振动表面摩擦处理过程之后，在 CrCoNi 中熵合金的任何区域都会形成变形孪晶。孪晶界面不仅能够起到阻挡位错运动的作用，而且位错能在孪晶界面处发生反应而缓解塞积造成的高应力状态，不仅能使强度增加而且对韧性也有显著提升。通过对微观结构表征，CrCoNi 中熵合金的高韧性是位错、高密度孪晶和相变共同作用的结果。由此可见，CrCoNi 中熵合金之所以具有优异的力学性能及准静态韧性，孪晶组织起到至关重要的作用。变形孪晶是低 SFE 合金(如中熵合金)的主要变形机制之一。在超声表面塑性变形过程中，在冲击和高频应力波的作用下，首先在低应变下晶粒中产生大量应力诱发变形孪晶。这些孪晶分为孪晶基质薄片，通常为平行孪晶。随着应变和应变率的增加，变形孪晶从另一个方向的驱动力克服了满足孪晶边界的障碍。孪晶在不同的平面上交叉，形成交叉孪晶或多系统孪晶。这些孪晶还可以将 CrCoNi 中熵合金晶粒分成不规则的小晶粒。

由于累积应变和应变率相对较低，过渡区距离变形表面相对较远，在过渡区形成了少量变形孪晶，这些孪晶主要是平行孪晶[见图 3-16(a)]。当进入强塑性变形区域时，由于应变和应变率的增加，许多孪晶系统被激活，形成了许多相交的孪晶，如图 3-15(b)所示。在变形表面附近的最外层，累积应变和应变率足够高导致许多变形孪晶开始弯曲[见图 3-14(b)]。

图 3-21 所示为 CrCoNi 中熵合金的 UV SFT 诱导的梯度结构示意。在最外层靠近变形表面的位置，主要的微观结构特征是纳米晶粒的形成和累积应变引起的变形孪晶的弯曲。在 SPD 区域，主要的微观结构特征是晶粒显示细长的层状晶体。同时，由于应变的累积，多系统变形孪晶被激活，孪晶正在跨越。在内层的过渡区，由于低累积应变和应变率，仅形成位错胞结构和一些平行的单体系变形孪晶。

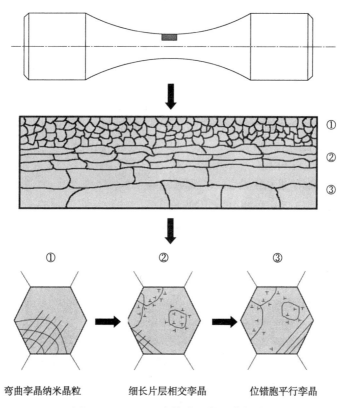

弯曲孪晶纳米晶粒　　细长片层相交孪晶　　位错胞平行孪晶

图 3-21　CrCoNi 中熵合金的超声振动
表面滑动摩擦处理工艺诱导梯度结构示意

参 考 文 献

［1］LU W J, LUO X, NING D, et al. Excellent strength-ductility synergy properties of gradient nano-grained structural CrCoNi medium-entropy alloy［J］. Journal of Materials Science & Technology, 2022, 112: 195-201.

［2］WANG L, HAO X, SU Q, et al. Ultrasonicvibration-assisted surface plastic deformation of a crconi medium entropy alloy: microstructure evolution and mechanical response［J］. JOM, 2022, 74(11): 4202-4214.

［3］HUANG H, WANG J, YANG H, et al. Strengthening cocrni medium-entropy alloy by tuning latticedefects［J］. Scripta Materialia, 2020, 188: 216-221.

［4］BARBIER D, GEY N, ALLAIN S, et al. Analysis of the tensile behavior of a twip steel based on the texture and microstructure evolutions［J］. Materials Science and Engineering A, 2009, 500(1-2): 196-206.

［5］WANG L, LI M Y, TAN H, FENG Y M, et al. Enhanced mechanical properties of a gradient nanostructured medium manganese steel and its grain refinement mechanism[J]. Journal of Materials Engineering and Performance, 2020, 29(6): 3812-3823.

[6] CHANG C I, LEE C J, HUANG J C. Relationship between grain size and Zener-Holloman parameter during friction stir processing in AZ31 Mg alloys[J]. Scripta Materialia, 2004, 51: 509-514.

[7] AMMOURI A H, KRIDLI G, AYOUB G, et al. Relating grain size to the Zener-Hollomon parameter for twin-roll-cast AZ31B alloy refined by friction stir processing[J]. Journal of Materials Processing Technology, 2015, 222: 301-306.

[8] DOHERTY R D, HUGHES D A, HUMPHREYS F J, et al. Current issues in recrystallization: A review[J]. Materials Science and Engineering A, 1997, 238: 219-274.

[9] SAKAI T, BELYAKOV A, KAIBYSHEV R, et al. Dynamic and post-dynamic recrystallization under hot, cold and severe plastic deformationn conditions[J]. Progress in Materials Science, 2014, 60: 130-207.

[10] HUMPHREYS F, HATHERLY M. Recrystallization and related annealing phenomena, Elsevier, New York, 2004.

[11] ZHANG W, LU J W, HUO W T, et al. Microstructural evolution of AZ31 magnesium alloy subjected to sliding friction treatment[J]. Philosophical Magazine, 1998(17): 1576-1593.

[12] AO N, LIU D X, XU X C, et al. Gradient nanostructure evolution and phase transformation of α phase in Ti-6Al-4V alloy induced by ultrasonic surface rolling process[J]. Materials Science and Engineering A, 2019, 742: 820-834.

[13] RAHMAN K M, VORONTSOV V A, DYE D. The effect of grain size on the twin initiation stress in a TWIP steel[J]. Acta Materialia, 2015, 89: 247-257.

[14] JEONG H U, PARK N. TWIP and TRIP-associated mechanical behaviors of Fex(CoCrMn Ni)$_{100-x}$ medium-entropy ferrous alloys[J]. Materials Science and Engineering A, 2020, 782: 138896.

[15] WW A, MN B, JSJ C, et al. Comparison of dislocation density, twin fault probability, and stacking fault energy between CrCoNi and CrCoNiFe medium entropy alloys deformed at 293 and 140K[J]. Materials Science and Engineering: A 781: 139224.

[16] VENABLES J A. Deformation twinning in fcc metals. 1964: 77-116.

[17] ZHU Y T, LIAO X Z, WU X L, et al. Grain size effect on deformation twinning and detwinning[J]. Journal of Materials Science, 2013, 48(13): 4467-4475.

[18] ZHU Y T, LIAO X Z, WU X L. Deformation twinning in nanocrystalline materials[J]. Progress in Materials Science, 2012, 57(1): 1-62.

[19] Lu K. Making strong nanomaterials ductile with gradients[J]. Science, 2014, 345: 1455-1456.

[20] DENG H W, XIE Z M, ZHAO B L, et al. Tailoring mechanical properties of a CrCoNi medium-entropy alloy by controlling nanotwin-HCP lamellae and annealing twins[J]. Materials Science and Engineering A, 2019, 744: 241-246.

第4章 ▪▪▪▪
CrCoNi中熵合金的准静态力学性能

通常情况下，高强度的材料塑性较低，塑性高则强度低。然而，梯度结构的出现，可以在不改变材料化学成分的情况下，起到一定的强度-塑性协同作用。研究表明，具有晶粒尺寸梯度的金属材料可以在不降低塑性的情况下提高材料强度。例如 Wu 等发现，具有梯度晶粒结构的材料在拉伸过程中加工硬化率增加，均匀结构的材料则没有这种额外的加工硬化。结果表明：由于材料在拉伸过程中不同结构单元的应变状态不同，从而产生应变梯度。而应变梯度可以促进位错的堆积，产生额外的加工硬化。

在研究了表面摩擦变形后 CrCoNi 中熵合金的显微组织后，本章着重研究梯度 CrCoNi 中熵合金的准静态力学性能。本章在关于力学性能的分析中，首先研究了梯度结构 CrCoNi 在厚度方向上的显微硬度变化，其次对经过表面摩擦变形及原始退火状态的 CrCoNi 中熵合金的应力-应变曲线及加工硬化能力进行了研究，通过扫描电子显微镜表征并分析了二者的断口形貌特征，最终针对梯度孪晶结构对力学性能的影响进行了分析。

4.1 准静态力学性能的测试方法

准静态力学性能测试和动态力学性能测试是两种不同的实验方法，主要区别在于加载条件的速率和性质。在准静态力学性能测试中，加载速率相对较低。这种测试设计为相对缓慢且持续，旨在观察和测量材料或结构在近静态或相对缓慢加载条件下的行为。准静态测试适用于研究材料的强度、延展性、压缩性能等，对于了解在缓慢加载条件下的材料性能具有重要价值。相反，在动态力学性能测试中，加载速率较高，通常在每秒几十毫米到几百米，甚至更高。这种测试涉及瞬时的、快速的外部冲击或振动加载，旨在模拟实际中可能遇到的高速或高频条件。动态测试主要应用于研究材料或结构在动态环境下的响应，如冲击、振动或脉冲加载，对于了

· 89 ·

解在快速加载下的材料性能至关重要。

因此，两者的选择取决于研究的目的和实际应用场景。准静态测试适用于静态或缓慢加载条件下的性能评估，而动态测试更适用于研究在瞬时或高频加载条件下的动态响应。

（1）蠕变试验

蠕变试验是一种用于研究材料在长时间持续加载条件下变形行为的实验方法。其主要特点包括持续加载、温度控制、变形测量、时间依赖性研究和可调的应力或应变水平。在试验中，材料被置于一定的温度和恒定的应力或应变水平下，通过实时或定期测量变形，获得材料的蠕变变形时间依赖性数据。这种试验方法为了解材料在实际工程中长时间加载条件下的性能提供了重要的实验手段。

李书博等针对蠕墨铸铁气缸盖大范围的温度和应力工作条件，进行温度 $450 \sim 550 \, ^\circ\mathrm{C}$、试验应力 $100 \sim 300 \mathrm{MPa}$ 条件下的 CGI 蠕变试验，测试结果如图 4-1 所示。研究表明：与较小的温度和应力范围相比，在宽幅条件下 CGI 更容易发生蠕变损伤，且温度相比应力更能促使 CGI 发生蠕变变形。

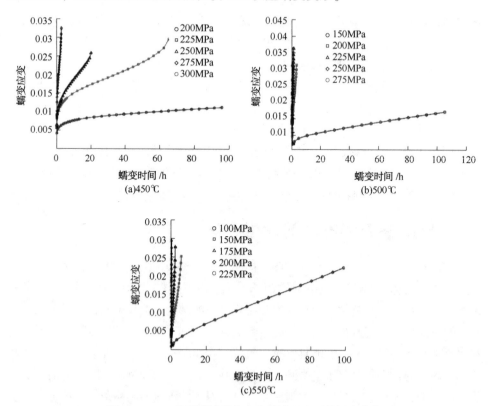

图 4-1　CGI 在不同试验应力和试验温度下的蠕变曲线

（2）压痕硬度测试

压痕硬度测试是一种通过施加控制力在材料表面产生硬度印痕，然后测量或评估这个印痕的大小、形状或深度来确定材料硬度的试验方法。这种测试方式一般使用硬度计或硬度测量设备进行，常见的压痕硬度测试方法有布氏、维氏和洛氏三种。　.

（3）剪切试验

剪切试验用于研究材料在受到剪切力作用下的变形和性能。在这种试验中，材料被施加垂直于其纵轴方向的剪切力，导致材料发生相对滑移或切变。剪切试验主要用来测量材料的剪切强度、剪切模量等参数。在剪切试验中，通常会采用专门设计的剪切试验机，该机器配有夹具和剪切刀口，以确保施加的剪切力均匀地作用在试样上。试验的过程包括施加剪切载荷、测量试样的剪切应变和应力，以及记录与试样变形相关的参数。剪切试验还要考虑应变速率，即施加剪切力的速率，该速率可能影响材料的响应。

陈超等通过自行设计制造的剪切试验装置，对常用的 5052-H32、6061-T6、7075-T651 三种铝合金板材的剪切与反剪切力学性能、组织的变化规律进行研究。结果表明：在板材剪切变形强化和板材原始轧制缺陷的共同作用下，三种铝合金随着板材厚度的增加，板材的抗剪强度均呈现出先增大再减小的规律。

（4）弯曲试验

弯曲试验用于研究材料在受到弯矩作用下的变形和性能。在这种试验中，通常使用长方形、梁状或圆柱状的试样，其中一端被支撑在一个固定的支撑点上，而在另一端施加力矩，使得试样产生弯曲变形。为进行弯曲试验，通常使用专门设计的弯曲试验机，该机通过施加水平的力矩在试样上引起弯曲变形。试样的变形过程中，测量和记录与试样变形相关的参数，如挠度、应力和应变。这些参数用于绘制弯矩-挠度曲线，提供了关于材料在弯曲加载下的性能信息。

（5）热模拟试验

热模拟试验是一种专门用于模拟高温环境下材料行为的实验方法。这类实验的主要目的是通过在实验室中使用特殊设计的设备，如热模拟炉或高温炉，对材料进行高温处理，以模拟实际工作环境中可能遇到的高温条件。热模拟试验关注于研究材料在高温环境中的热学特性，包括热稳定性、热膨胀性质、热传导性能等。热模拟试验能够了解材料在高温条件下的行为。这包括对材料热稳定性的研究，以了解其在高温环境中可能发生的热分解、氧化或其他热降解反应。此外，试验还关注材料的热膨胀性质，即在高温下材料的体积变化情况，这对于设计高温工作环境中的结构和设备至关重要。同时，热传导性能的测量也是研究的焦点，以评估材料在高温条件下导热的能力。

王程明等利用 Gleeble-3800 热模拟试验机对 X80 管线钢进行了闪光对焊模拟实验，采用金相显微镜观察焊缝、热影响区及母材处金相组织，采用维氏显微硬度计测定了各区硬度，并由不同参数下焊接接头硬度值的分布确定了最优焊接参数，如图 4-2 所示。结果表明：在 Gleeble-3800 热模拟试验机进行闪光对焊模拟试验，模拟焊接效果良好；为获得优异的焊接接头，应选择的最优参数为：闪光速度 1mm/s、闪光留量 6mm。

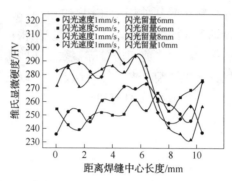

图 4-2　不同参数下焊接接头硬度值分布

4.2　显微硬度分析

硬度通常用来表示材料抵抗外物压痕引起塑性变形的能力。对于大多数材料，硬度和流动应力之间存在近似的比例关系：

$$H \cong k\sigma_f \tag{4-1}$$

式中　H——材料的硬度；

　　　k——比例系数；

图 4-3　HXD-1000TMC 型硬度计

σ_f——流动应力。

由于显微硬度测试压头的尺寸很小，所以可以测量材料在不同区域或不同阶段的显微硬度且不会互相干扰。

选用 HXD-1000TMC 型硬度计测量均匀退火状态及梯度孪晶结构 CrCoNi 中熵合金硬度，如图 4-3 所示。

对于均匀退火状态的 CrCoNi 合金，在试样截面随机选取 3 个点进行硬度测试，并选取平均值作为最后测量结果。对于梯度结构 CrCoNi 中熵合金，沿试样截面的厚度方向距离表面每隔

100μm 测量一次显微硬度，共选取 19 个点（如图 4-4 所示），其中包括近表面区域及试样中心。显微硬度试验的具体参数：试验负荷，1.961N（200gf）；保荷时间，15s；物镜倍率，40×。

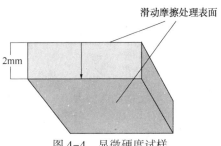

图 4-4　显微硬度试样

4.2.1　传统表面塑性变形后 CrCoNi 中熵合金的显微硬度

图 4-5 所示为 CrCoNi 中熵合金在通过传统表面摩擦变形后试样截面的显微硬度分布。均匀退火条件下的 CrCoNi 中熵合金的平均硬度为 220HV。可以看出，表面摩擦变形工艺对 CrCoNi 中熵合金的表面硬度有非常明显的影响，距离表面 1mm 范围内，显微硬度值提高了将近 2 倍，且由于 CrCoNi 中熵合金板双面均通过表面滑动摩擦处理，呈现出沿厚度方向材料硬度先降低后增高的梯度。此外，通过显微硬度也可以清楚地辨别出变形层的厚度。在经过表面摩擦变形后，材料截面硬度呈梯度变化，表面显微硬度值最高为 413HV，表面摩擦变形工艺制备的变形层厚度约为 1000μm。在距离试样表面约 1000μm 处，材料显微硬度值接近于均匀退火状态 220HV。

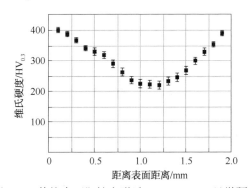

图 4-5　传统表面塑性变形后 CrCoNi-MEA 显微硬度

显微硬度呈梯度分布且表面硬度高内部硬度低可能是由于：①根据霍尔-佩奇关系，材料的强度和硬度随晶粒尺寸 D 减小而升高，与 $D^{-1/2}$ 成正比，材料强度与硬度对应着晶粒尺寸，晶粒细化可以提高材料强度，而滑动摩擦变形使不同位置发生不同程度的变形，晶粒尺寸梯度变化从而导致硬度梯度，材料表层是纳米晶粒组织而芯部是粗晶粒组织，则可以在化学成分保持不变的情况下，形成材料表面硬度比芯部高，自表及里形成很大的硬度梯度；②应变梯度导致不同位置应力集中程度不同，材料中心部分变形极小或未发生变形，故其硬度未发生明显变化。

4.2.2 超声振动表面塑性变形后 CrCoNi 中熵合金的显微硬度

在经过传统 SFT 工艺和 UV−SFT 工艺之后，CrCoNi 中熵合金的维氏显微硬度随其与表面距离的变化如图 4−6 所示。可以看出，CrCoNi 中熵合金的显微硬度值随着距表面距离的增加而降低，即 CrCoNi 中熵合金的表面硬度值更高，而样品内部硬度值更低。另外，传统表面塑性变形工艺后 CrCoNi 中熵合金的显微硬度通常高于相同位置超声振动表面塑性变形工艺之后的显微硬度。在传统的表面塑性变形工艺之后，CrCoNi 中熵合金的显微硬度可以从样品内部的 220HV 增加到表面的 400HV（提高 0.82 倍）。但在超声振动的辅助下，样品内部的显微硬度仅约为 150HV。超声振动表面塑性变形处理后，表面显微硬度可提高到 375HV，是样品内部的 2.50 倍，硬度有了明显的提高。2 个表面塑性变形过程形成的变形层的厚度基本相同（约为 1.10mm），其中 HV 值接近均匀化退火状态的 HV 值。

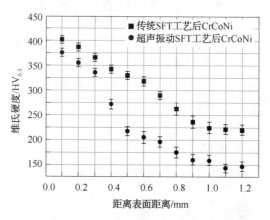

图 4−6　CrCoNi 中熵合金超声振动表面塑性变形处理后的显微硬度分析

不同变形力下超声振动表面塑性变形处理后 CrCoNi 中熵合金的显微硬度分布如图 4−7 所示。在这项工作中，将实验测量结果与传统表面塑性变形处理工艺的显微硬度测试结果也进行了比较。本章所研究的 CrCoNi 中熵合金的显微硬度值随着与表面距离的增加而降低，即表面硬度值较高，而芯部硬度值较低。CrCoNi 中熵合金在传统表面摩擦工艺后的显微硬度高于相同位置下超声振动表面塑性变形处理后的对应硬度。此外，超声振动表面塑性变形处理后的硬度值是变形力的正函数，距表面的距离越大硬度值越低。传统表面经过塑性变形后，表面的显微硬度可达到内部的 0.82 倍。在 750N、450N 和 300N 的超声振动表面塑性变形处理后，表面的显微硬度分别达到内部的 2.77 倍、2.55 倍和 2.44 倍。无论其是否通过超声振动处理以及使用了多少变形力，所制备的 CrCoNi 中熵合金表面上塑性变形后的变形层厚度几乎相同（为 1.0~1.1mm）。

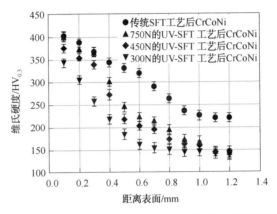

图 4-7　使用 UV-SFT 工艺制备的 CrCoNi 中熵合金的显微硬度分析

4.3　单轴拉伸实验

4.3.1　传统表面塑性变形后 CrCoNi 中熵合金的拉伸力学性能

均匀退火状态及表面塑性变形处理后的 CrCoNi 中熵合金的拉伸实验结果如表 4-1 和图 4-8 所示。结果表明：表面塑性变形处理后，CrCoNi 中熵合金材料的屈服强度（Yield Strength，YS）和极限抗拉强度（Ultimate Tensile Strength，UTS）均显著提高。这种现象在其他材料的表面处理过程中也存在。

表 4-1　CrCoNi-MEA 在不同条件下的拉伸性能

材料	屈服强度/MPa		极限抗拉强度/MPa		工程延伸率/%	真实伸长率/%	拉伸韧性/($\times 10^3$ J/m^3)
	工程	真实	工程	真实			
均匀退火状态	209.8±5	214.7±5	474.8±3	965.6±2	110.5	74.4	397.3
梯度	606.2±10	638.3±10	671.7±5	997.3±5	56.0	41.6	314.8

在初始的均匀退火状态下，CrCoNi 中熵合金材料的工程屈服强度为（209.8±5）MPa，工程极限抗拉强度为（474.8±3）MPa，工程延伸率达到110.5%。在真实应力-应变曲线中，可以发现屈服强度为（214.7±5）MPa，总伸长率达到74.4%，拉伸

韧性为 $397.3 \times 10^3 \text{J/m}^3$。SFT 工艺处理后，工程屈服强度提高到（606.2±10）MPa，真实屈服强度提高到（638.3±10）MPa。通过对比，表面滑动摩擦变形后 CrCoNi 中熵合金的屈服强度比均匀退火条件下的 CrCoNi 中熵合金提高近 300%。

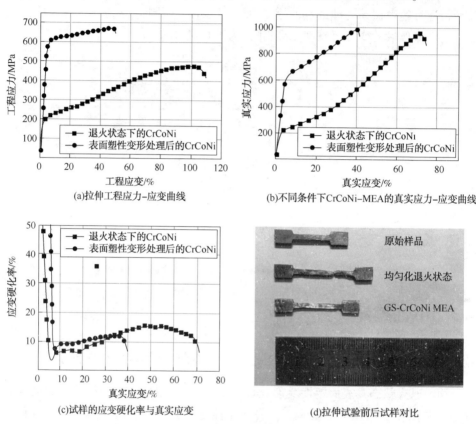

(a)拉伸工程应力-应变曲线

(b)不同条件下CrCoNi-MEA的真实应力-应变曲线

(c)试样的应变硬化率与真实应变

(d)拉伸试验前后试样对比

图 4-8　实验结果

　　另一个表征 CrCoNi 中熵合金力学行为的重要参数是延伸率。在均匀退火状态下，CrCoNi 中熵合金的延伸率达到 110.5%。从拉伸试样的照片 [图 4-8(d)] 可以看出，试样只有经过多次均匀变形后才会发生颈缩和断裂。以拉伸韧性(应力-应变曲线面积表示)为指标，表面摩擦变形处理后 CrCoNi 中熵合金的能量吸收能力略有降低。但值得一提的是，表面摩擦变形后的 CrCoNi 中熵合金的断裂韧性仍然优于许多传统结构材料。

　　图 4-8(c)所示为 CrCoNi 中熵合金的应变硬化率与真实应变的关系。在热处理条件下，CrCoNi 中熵合金具有较高的应变硬化能力。在很低的应变下，硬化速率相当高，但在增加应变时，应变硬化率下降得非常快。然后，在真实应变约为 5% 时，应变硬化率以较快速率升高。在此之后，应变硬化以较低速率继续上升，

直至真实应变为50%，应变硬化速率开始逐渐下降，直至瞬间迅速下降，最后发生断裂。在表面严重变形的试样中，应变硬化速率保持在较高水平。在变形过程中可以观察到应变硬化的变化，直到在应变较低的地方发生最后的下降。

　　图4-9所示为均匀退火状态下和表面摩擦变形后CrCoNi中熵合金的拉伸断口图像。图4-9(a)为均匀退火状态下CrCoNi中熵合金的宏观断口形貌。可以看出，材料拉伸过程中发生较为明显的颈缩现象，说明该材料具有良好的塑性。结合其对应的微观断口形貌中的大量韧窝[如图4-9(b)所示]可以判断，均匀退火状态下CrCoNi中熵合金的断裂方式为韧性断裂。图4-9(c)为表面摩擦变形后CrCoNi中熵合金的宏观拉伸断口形貌。可以看出，合金发生了颈缩，但程度较小，说明经过表面塑性变形处理后合金的塑性有所降低。观察相对应的微观断口形貌，可以发现，试样呈现一定程度的混合断裂模式，首先，在靠近中心的区域，断口表面出现大量的韧窝，材料呈现韧性断裂模式；在靠近边缘的严重塑性变形区，材料逐渐呈现准解理和解理断裂模式，具有一定的脆性断裂特征，如图4-9(d)所示。

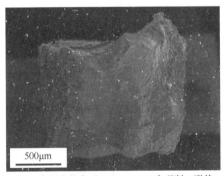

(a)均匀退火状态下CrCoNi MEA宏观断口形貌

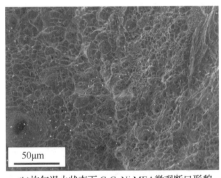

(b)均匀退火状态下CrCoNi MEA微观断口形貌

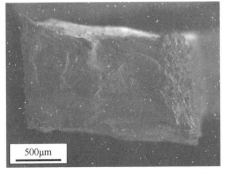

(c)表面摩擦变形后CrCoNi MEA宏观断口形貌

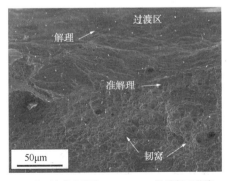

(d)表面摩擦变形后CrCoNi MEA微观断口形貌

图4-9　拉伸断口形貌

与均匀退火状态下 CrCoNi 中熵合金[图 4-9(a)]相比，经过滑动摩擦处理后的 CrCoNi 中熵合金[图 4-9(c)]表面发生了较为明显的向内收缩现象。不同于传统均质结构，梯度结构在拉伸变形时塑性变形首先发生在材料芯部较软的粗晶中，之后随着加载力的增大，变形逐渐向更小的晶粒传递直至表面。在塑性变形开始阶段，粗晶粒首先开始发生塑性变形，与此同时，梯度变形层被逐渐拉长，由于塑性变形并非同时发生使变形表面发生向内收缩。

通过对比图 4-9(a)与图 4-9(c)可以看出，经过表面摩擦变形处理后，材料断面的收缩率明显降低，这与拉伸试验的伸长率结果一致。断裂表面还表明，均匀退火状态下 CrCoNi 中熵合金的断裂形态和经过滑动摩擦处理后的 CrCoNi 中熵合金断裂方式有所不同：对于原始的均匀退火条件，材料微观断口呈现出大量的近圆形韧窝，且韧窝分布大而均匀，呈现出韧性断裂的特征，如图 4-7(b)所示；而经过表面摩擦变形处理后，梯度结构 CrCoNi 中熵合金的断口表面存在过渡区，呈现一定程度的混合断裂模式。但总的来说，由于材料芯部大晶粒的保护，梯度 CrCoNi 中熵合金整体表现出良好的塑性和韧性。经表面摩擦变形处理后，其塑性和韧性没有明显下降。

本文通过构建梯度孪晶结构，使 CrCoNi 中熵合金的屈服强度几乎提高了 2 倍，同时保持了良好的伸长率，准静态韧性基本保持不变。

孪晶变形机制是 CrCoNi 中熵合金具有优异力学性能的重要原因。孪晶界面不仅可以阻碍位错的运动，而且位错还可以在孪晶界面发生反应，缓解位错堆积引起的高应力状态，不仅可以提高强度，还可以显著提高拉伸韧性。Wu 等指出，非均匀晶粒组织能更好地结合强度和塑性，并证实应力/应变梯度分布在拉伸变形过程中起着重要作用，增强附加应变硬化和均匀延伸。

均匀退火状态下 CrCoNi 中熵合金样品的 $\ln(d\sigma/d\varepsilon)$-$\ln\sigma$ 图如图 4-10(a)所示。可以看出，塑性变形可分为 5 个阶段。第一阶段应变硬化率在 5.0%~5.5% 范围内显著降低(阶段 A)；第二阶段，应变硬化率在小范围内迅速提高至 15%(阶段 B)；第三阶段短暂下降至 18.5%(阶段 C)；第四阶段应变硬化率持续上升直至 55%(阶段 D)；最后应变硬化率缓慢下降；当应变超过 70% 时，应变硬化率迅速下降，直至试件破坏(阶段 E)。而梯度结构 CrCoNi 中熵合金的应变硬化行为则有所不同，如图 4-10(b)所示。一般来说，梯度结构 CrCoNi 中熵合金的塑性变形也可分为 5 个阶段。具体来说，在阶段 A(应变硬化率为 0%~7%)后，应变硬化率在 7%~10%的短应变区间出现了明显的上升趋势即阶段 B，然后出现了阶段 C(应变硬化率为 10%~16%)的小幅下降。之后，在应变硬化率为 15%~37%时，又出现了一个较长的应变范围，这是阶段 D。最后，应变硬化率下降。这些阶段可能与以下机制有关：从阶段 A 到阶段 B 的过渡点对应于晶粒内初晶孪生的开始；阶段 B 的增加期主要是由初变形孪晶引起的；阶段 C 的下降趋势是由于较低的孪生率；阶段 D 是由于 CrCoNi 中熵合金的多孪生系统；孪晶活动减慢和塑性失稳发生在阶段 E。

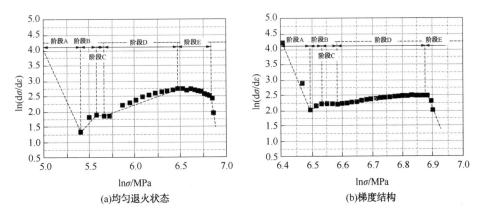

(a)均匀退火状态　　　　　　　　　(b)梯度结构

图 4-10　CrCoNi 中熵合金不同情况下 ln(dσ/dε) 与 lnσ 的关系

对比均匀退火状态下和梯度孪晶结构下 CrCoNi 中熵合金的塑性应变硬化过程，发现均可分为 5 个阶段，表明 GS-CrCoNi 中熵合金仍具有较强的应变硬化能力。但略有不同的是，梯度 CrCoNi 中熵合金在阶段 B 和阶段 D 的应变硬化速率的提高没有均匀退火状态下的应变硬化速率高。主要原因是处于均匀退火状态的试样在拉伸试验中具有足够的孪晶变形能力，而梯度 CrCoNi 中熵合金试样表面经历了一次性塑性变形，削弱了其孪晶变形能力，尤其是拉伸试验中的二次孪晶变形能力。然而，CrCoNi 中熵合金的屈服强度显著提高，同时保持了其延展性和韧性，从而可以获得优异的力学性能。

4.3.2　超声表面塑性变形后 CrCoNi 中熵合金的拉伸力学性能

1. 超声表面塑性变形与传统表面塑性变形的比较

CrCoNi 中熵合金在均匀退火、传统 SFT 工艺和 UV-SFT 工艺后的单轴拉伸试验结果如表 4-2 和图 4-11 所示。从图 4-11(a)和图 4-11(b)可以明显看出，传统 SFT 和 UV-SFT 工艺都显著提高了 CrCoNi 中熵合金的屈服强度和极限拉伸强度。CrCoNi 中熵合金经过均匀化退火处理后的工程屈服强度仅为(209.8±5) MPa，工程极限拉伸强度为(474.8±3)MPa，其强度难以满足高强度工程材料的使用要求。但是值得注意的是，CrCoNi 中熵合金原始试样具有非常高的延伸率，在工程应变下可达到 110.5%。CrCoNi 中熵合金原始试样的真实应力-应变曲线如图 4-11(b)所示，CrCoNi 中熵合金的真实屈服强度为(214.7±5)MPa，真实极限拉伸强度为(965.6±2)MPa。真实应变下的延伸率高达 74.4%。

表 4-2　CrCoNi 中熵合金在不同条件下的力学性能

CrCoNi 不同处理工艺	YS/MPa		UTS/MPa		工程延伸率/%	真实延伸率/%	拉伸韧性/ ($\times 10^3$ J/m^3)
	工程	真实	工程	真实			
退火状态	209.8±5	214.7±5	474.8±3	965.6±2	110.5	74.4	397.3
传统 SFT 工艺	606.2±10	638.3±10	671.7±5	997.3±5	56.0	41.6	314.8
超声振动 SFT 工艺	575.1±5	593.5±10	713.7±5	1175.9±5	73.6	54.9	462.8

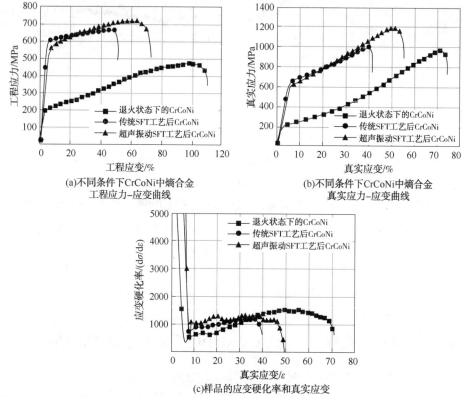

(a)不同条件下CrCoNi中熵合金工程应力-应变曲线

(b)不同条件下CrCoNi中熵合金真实应力-应变曲线

(c)样品的应变硬化率和真实应变

图 4-11　单轴拉伸试验结果

传统的 SFT 工艺使得 CrCoNi 中熵合金的屈服强度得到显著提升，工程应力下的屈服强度为 (606.2±10) MPa，真实应力下的屈服强度为 (638.3±10) MPa。相比未处理的 CrCoNi 中熵合金，工程应力和真实应力下的屈服强度都提高了近 2 倍。而且传统的 SFT 工艺可以在一定程度上提高极限拉伸强度，将工程极限拉伸强度提高到 (671.7±5) MPa，将真实极限拉伸强度提高至 (997.3±5) MPa。虽然提高了强度，但传统 SFT 工艺在一定程度上降低了延伸率，工程延伸率降低到 56.0%，真实延伸率降低到 41.6%。

传统 SFT 工艺处理之后，CrCoNi 中熵合金仍显示出均衡的力学性能，即当塑性降低可接受时，屈服强度和极限拉伸强度得到了极大的改进。UV-SFT 工艺弥补了传统 SFT 工艺的缺点。在屈服强度改善方面，UV-SFT 过程将工程屈服强度提高到(575.1 ± 5)MPa（提高 1.74 倍），真实屈服强度提高到(593.5 ± 10)MPa（提高 1.76 倍）。而 UV-SFT 处理工艺可以显著改善极限拉伸强度，与传统 SFT 工艺相比，工程极限拉伸强度和真实极限拉伸强度可分别进一步提高到(713.7 ± 5)MPa 和(1175.9 ± 5)MPa。UV-SFT 处理工艺在保持延伸率的情况下，同时可以提高 CrCoNi 中熵合金的强度，提高其强韧性。工程延伸率保持在 73.6%，真实延伸率保持在 54.9%，这与传统 SFT 工艺相比有了很大的改善。

图 4-11(c)所示为均匀化退火、传统 SFT 工艺和 UV-SFT 工艺后 CrCoNi 中熵合金的应变硬化率(MPa)与真实应变的关系。在均匀化退火状态下，CrCoNi 中熵合金具有较高的应变硬化能力，并且应变硬化随着变形的进行而在一定程度上增加。在非常低的应变下，应变硬化率非常高，但在应变增加时，应变硬化速度非常快。当应变超过 5.0%时，可以观察到上升趋势。应变硬化率继续上升，直到应变达到 50.0%，然后开始逐渐降低，直到其快速下降，直至断裂。在传统表面摩擦处理之后，尽管 CrCoNi 中熵合金的均匀伸长率降低，但它仍然显示出高应变硬化能力。总之，应变硬化随着变形的进行而不断增加。已经观察到，当变形超过约 37.0%时，开始出现断裂。在超声振动辅助表面塑性变形之后，CrCoNi 中熵合金还表现出极高的应变硬化能力，甚至可以达到变形早期的均匀化退火状态下样品应变硬化能力的 2 倍以上。值得注意的是，无论是梯度结构还是均匀结构，CrCoNi 中熵合金的应变硬化能力基本上随着应变的增加而增加，直到发生最终的不稳定性和断裂。不同工艺处理后断口形貌实物见图 4-12。

CrCoNi 中熵合金在均匀化退火状态下的断裂表面形态以及表面塑性变形后的样品如图 4-13 所示。在热处理条件下，CrCoNi 中熵合金基本上呈现出典型的韧性断裂模式，断裂中充满了大量近似圆形的等轴韧窝，如图 4-13(a)所示，这与拉伸力学行为一致。但在表面塑性变形后，断裂形态中存在过渡区，即断裂形态主要包括解理断裂特征和韧性断裂特征，如图 4-13(b)和图 4-13(c)所示。在靠近中心的区域，CrCoNi 中熵合金呈现韧性断裂模式，在断裂表面可以观察到大量的韧窝。在边缘附近的严重塑性变形区，CrCoNi 中熵合金逐渐呈现准解理和解理的断裂模式，并具有一定的脆性断裂特征。不同的是，在进行 UV-SFT 处理之后，过渡区的韧性断裂特征更加明显，韧窝越来越深。由于韧窝断裂的保护作用，UV-SFT 处理后的 CrCoNi 中熵合金显示出更高的应变硬化能力和延展性。

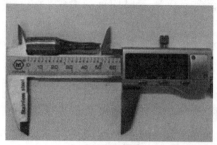

(a)常规样品实物

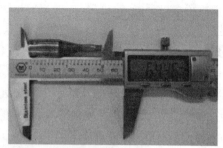

(b)传统SFT工艺后样品实物

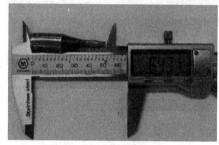

(c)UV-SFT工艺后样品实物

图4-12 不同工艺处理后断口形貌实物

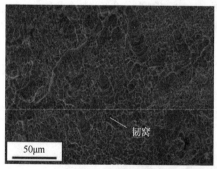

(a)常规CrCoNi中熵合金样品

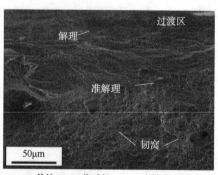

(b)传统SFT工艺后的CrCoNi中熵合金样品

(c)UV-SFT工艺之后的CrCoNi中熵合金样品

图4-13 不同工艺处理后断口形貌

由于增加的很多晶界(Grain Boundary，GB)严重抑制了位错的繁殖和运动，均匀的纳米晶粒(Nanograin，NG)金属(晶粒尺寸低于100nm)可以显著增强其强度，但很大程度上降低了延展性。另外，低耗能的纳米大小的孪晶边界(Twin Boundary，TB)不仅可以有效地阻碍位错运动，还可以作为强化的稳定界面。由于应变/应力分配和不同区域之间的应变梯度的特殊协调效应，强度-韧性的困境也可以通过构建独特的梯度纳米结构(Gradient Nanostructures，GNS)来调和，例如，在相、成分和晶粒大小的梯度分布。GNS金属可以通过各种表面严重塑性变形(Surface Severe Plastic Deformation，SSPD)技术产生，这些技术在最上面的表面产生最严重的塑性应变和应变率，并逐渐向基体区域减少。值得注意的是，在低/中堆积断层能(SFE)金属中，通过部分位错滑动产生的变形孪晶将主导塑性。

2. 不同变形力对CrCoNi中熵合金力学性能的影响

图4-14(a)所示为所研究的CrCoNi中熵合金在UV-SFT工艺后在不同变形力下的工程应力应变曲线，表4-3所示为相应的力学性能。图4-14比较了在均匀化退火和传统SFT工艺之后，具有相同成分的CrCoNi中熵合金的工程应力-应变曲线与实验测量结果。可以看出，UV-SFT的塑性变形过程显著改变了所研究的CrCoNi中熵合金的工程应力-应变曲线。在均匀化退火状态下，CrCoNi中熵合金显示出中熵合金的典型工程应力-应变曲线，即低屈服强度[(209.8±5.0)MPa]、强应变硬化能力和极具竞争力的伸长率。由于强应变硬化能力，CrCoNi中熵合金在退火状态下的极限拉伸强度可达到(474.8±3.0)MPa。在传统的SFT塑性变形后，CrCoNi中熵合金的屈服强度不仅显著提高了近2倍，达到(606.2±10.0)MPa，而且其极限拉伸强度也大大提高，达到(671.7±5.0)MPa。UV-SFT塑性变形工艺后，CrCoNi中熵合金的力学性能得到了较大程度的改善，其工程应力-应变曲线发生了显著变化。

表4-3　不同条件下制备的CrCoNi中熵合金的力学性能

CrCoNi不同处理工艺	YS/MPa		UTS/MPa		工程总伸长/%	延伸率%	拉伸韧性/($\times 10^3 J/m^3$)
	工程	真实	工程	真实			
均匀化退火状态	209.8±5.0	214.7±5.0	474.8±3.0	965.6±2.0	110.5	74.4	397.3
传统SFT工艺450N	606.2±10.0	638.3±10.0	671.7±5.0	997.3±5.0	56.0	41.6	314.8
UV-SFT工艺300N	450.5±10.0	479.7±10.0	649.3±5.0	1100.0±5.0	77.3	57.7	434.4
UV-SFT工艺450N	575.1±5.0	593.5±10.0	713.7±5.0	1175.9±5.0	73.6	54.9	462.8
UV-SFT工艺750N	605.7±5.0	627.3±10.0	803.4±5.0	1340.5±5.0	74.7	55.0	514.4

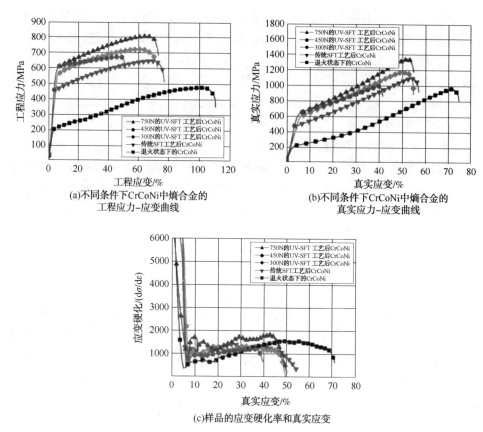

(a)不同条件下CrCoNi中熵合金的
工程应力-应变曲线

(b)不同条件下CrCoNi中熵合金的
真实应力-应变曲线

(c)样品的应变硬化率和真实应变

图4-14 单轴拉伸试验结果

　　首先，在超声振动表面塑性变形后，这种方法制备的 CrCoNi 中熵合金的屈服强度得到了一定程度的提高。在变形力为 300N、450N 和 750N 的 UV-SFT 后，屈服强度分别提高到(450.5±10.0)MPa(提高 1.15 倍)、(575.1±5.0)MPa(提高 1.74 倍)和(605.7±5.0)MPa(提高 1.89 倍)。UV-SFT 塑性变形引起的强度提高也反映在极限拉伸强度上。在变形力为 300N、450N 和 750N 的 UV-SFT 工艺后，CrCoNi 中熵合金的极限拉伸强度分别提高到(649.3±5.0)MPa(提高 0.37倍)、(713.7±5.0)MPa(提高 0.50 倍)和(803.4±5.0)MPa。研究发现，CrCoNi中熵合金在超声振动表面塑性变形后的工程伸长率。与传统的机械 SFT 工艺相比，CrCoNi 中熵合金的工程伸长率从 110.5% 降至 56.0%，UV-SFT 工艺不会严重影响工程伸长率。在变形力为 300N、450N 和 750N 的 UV-SFT 过程之后，CrCoNi 中熵合金的工程断裂应变分别保持在 77.3%、73.6% 和 74.7%。这说明UV-SFT 在保持 CrCoNi 中熵合金的伸长率方面要明显优于传统 SFT 塑性变形工艺。

本项工作中研究的 CrCoNi 中熵合金在不同状态下的真实应力-应变曲线如图 4-14(b)所示，其相应的力学性能也列于表 4-3 中。与工程应力-应变曲线相似，通过表面滑动摩擦塑性变形过程，进行超声振动辅助变形后，显著提高了 CrCoNi 中熵合金的力学性能。表面滑动摩擦塑性变形后，屈服强度从(214.7±5.0)MPa(均匀化退火状态)分别增加到(638.3±10.0)MPa(传统 SFT 工艺)、(497.7±10.0)MPa(UV-SFT 工艺，变形力为 300N)、(593.5±10.0)MPa(UV-SFT 工艺，变形力为 450N)、(627.3±10.0)MPa(UV-SFT 工艺，变形力为 750N)。在极限拉伸强度方面，传统的 SFT 工艺仅将极限拉伸强度从退火状态下的(965.6±2.0)MPa 增加到(997.3±5.0)MPa，而 UV-SFT 工艺的增加则更为明显，在 300N、450N 和 750N 的变形力下，极限拉伸强度可以增加到(1100.0±5.0)MPa、(1175.9±5.0)MPa 和(1340.5±5.0)MPa，并且真实断裂应变也保持在较高水平。在变形力为 300N、450N 和 500N 的 UV-SFT 工艺之后，断裂应变分别保持在 57.7%、54.9% 和 55.0%。

另一个重要发现是 CrCoNi 中熵合金在不同状态下的拉伸断裂韧性，可以反映出中熵合金在断裂前吸收的能量。CrCoNi 中熵合金在均匀化退火下具有较高的拉伸韧性值，可达到 $397.3 \times 10^3 J/m^3$。在传统的机械表面塑性变形过程中，CrCoNi 中熵合金的拉伸韧性略有下降，但可以保持在 $314.8 \times 10^3 J/m^3$。超声振动表面滑动摩擦工艺不仅提高了 CrCoNi 中熵合金的强度，而且显著提高了其拉伸韧性。随着变形力从 300N 增加到 450N 再到 750N，拉伸韧性分别从 $434.4 \times 10^3 J/m^3$ 增加到 $462.8 \times 10^3 J/m^3$ 和 $514.4 \times 10^3 J/m^3$。

CrCoNi 中熵合金在超声振动表面滑动摩擦塑性变形后表现出良好的强度、伸长率和拉伸韧性主要是由于其强大的应变硬化能力。在本项研究中，CrCoNi 中熵合金在均匀化退火状态和不同工艺参数的表面滑动摩擦塑性变形后的拉伸应变硬化曲线如图 4-14(c)所示。可以看出，均匀化退火状态下的 CrCoNi 中熵合金在塑性变形阶段具有高应变硬化能力。特别是在塑性变形的后一部分，应变硬化仍然得到一定程度的增强。在传统 SFT 工艺之后，虽然伸长率略有下降，但 CrCoNi 中熵合金的应变硬化能力依然保持在较高水平。同样，随着应变的持续发展，应变硬化能力呈上升趋势。UV-SFT 工艺后，CrCoNi 中熵合金的应变硬化能力明显高于均匀化退火状态和传统 SFT 工艺。具有不同变形力的 UV-SFT 工艺后的应变硬化曲线基本上呈现出相似的趋势，即该曲线在应变初期呈现缓慢下降的趋势，而在变形的后期，整体应变硬化能力在一定程度上增加，直至最终断裂。

不同变形力的 CrCoNi 中熵合金室温拉伸断口实物如图 4-15 所示。图 4-16 所示为 CrCoNi 中熵合金通过 UV-SFT 工艺后在不同变形力下的拉伸断口形貌。可以看出，无论变形力从 300N 增加到 450N 还是增加到 750N，拉伸断裂表面都存在明显的过渡区，既存在韧性断裂，也存在解理断裂特征。在靠近中心的区域，材料呈现韧性断裂模式，在断裂表面可以观察到大量的韧窝。在边缘附近的严重塑性变形区，材料逐渐呈现准解理和解理的断裂模式，并具有一定的脆性断裂特征。然而，当 UV-SFT 过程变形力较低时，韧性断裂特征更明显，而当 UV-SFT 过程变形力较高时，断裂形态更倾向于解理断裂特征。

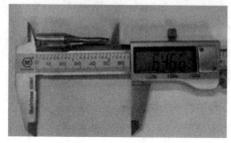
(a)300N

(b)450N

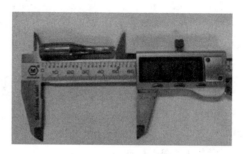
(c)750N

图 4-15　变形力为 300N、450N 和 750N UV-SFT 工艺后 CrCoNi 中熵合金断口形貌实物

3. UV-SFT 处理后 CrCoNi 中熵合金的强化机理分析

在本研究中，通过在不同变形力下使用 UV-SFT，构建了 CrCoNi 中熵合金的梯度孪晶结构，并表征了不同变形力的 UV-SFT 工艺后，CrCoNi 中熵合金每个区域的 TEM 微观结构。孪晶界面的梯度变化有别于不同尺寸的简单混合或复合，可有效地避免结构特征尺寸突变引起的性能突变，使具有不同间距的孪晶结构相互协调，并使材料的整体性能和服役行为得到优化和提高。

在不同变形力的表面塑性变形后，发现每个区域的微观结构在某种程度上不同。随着变形力的逐渐增加，每个区域(纳米晶粒区域、严重塑性变形区域和过渡区域)中的位错活动和孪晶形成更加明显和强烈，即声应力促进了位错的移动和孪晶的形成。此外，UV-SFT 工艺的变形力越高，CrCoNi 中熵合金梯度孪晶结构的屈服强度、极限抗拉强度和应变硬化能力就越高。

根据 Lindsay 的研究结果，当超声波在固体中传播时，会产生内应力，超声波在固体中传播时产生的声学(拉伸)应力可通过式(4-2)计算：

(a)300N

(b)450N

(c)750N

图4-16　变形力为300N、450N和750N的UV-SFT工艺后CrCoNi中熵合金断口形貌

$$S = \zeta\rho\omega c = \rho U c \tag{4-2}$$

式中　ζ——颗粒位移；

ρ——密度；

ω——角频率；

c——声速；

U——颗粒速度。

当超声应力被添加到初级总应力变大。由于位错速度与应力(v/τ^{m})成正比，位错速度显著增加。在这些实验中，当表面塑性变形力增加时，位错运动在一定程度上增加。此外，这种增加的变形力更容易满足孪晶的临界剪切应力，并诱导更多的孪晶。屈服强度和极限抗拉强度的增加主要是由于在微观结构的不同区域中形成孪晶结构。孪晶在微观结构中产生一个小尺度的亚结构，其中孪晶边界通过阻碍位错的运动而起作用。在外加应力下，现有位错和弗兰克-雷德源所产生的位错将通过晶格移动，直到遇到孪晶边界，孪晶边界周围的原子失配会产生排

斥应力场，以对抗持续的位错运动。随着更多的位错传播到该边界，位错"堆积"以位错团的形式出现，这些位错无法移动通过边界。当位错产生排斥应力场时，每个连续的位错都会对晶界附近的位错施加排斥力。这些现象导致位错平均自由程的限制并促进硬化，而孪晶转变促进了大的延展性。超声效应增加了可用位错的迁移率，从而在相同的载荷历史下产生更大的应变。

另外，非均匀结构可以更好地结合强度和韧性，因为许多学者已经证实，应力/应变的梯度分布在拉伸变形过程中起着重要作用。随着不协调变形沿梯度深度演变，施加的单轴应力可以转化为多轴应力，这可以促进位错的累积和相互作用，并增强额外的应变硬化和均匀延伸。在不同变形力的超声振动作用下，位错移动速度更快，晶界微观结构形成的影响更明显，有利于梯度微观结构的形成。超声振动引起的表面塑性变形，除了静力外，样品还受到超声振动引起动态力的影响，该动态力可能是静力的 2.5~5.0 倍。在超声振动辅助表面塑性变形的过程中，样品的旋转及其尖端沿棒的纵向滚动将在 CrCoNi 中熵合金的表面上产生较大的剪切应力，而超声冲击将产生应力波。当其传播到 CrCoNi 中熵合金时，超声波遇到晶体缺陷，例如位错或晶界，然后反射和折射。在具有反射和折射叠加效应的高频应力波下，试样承受复杂的应力以提高塑性变形程度。与传统塑性变形相比，UV-SFT 工艺可能导致更严重的塑性变形层。

超声振动辅助表面塑性变形后，CrCoNi 中熵合金的显微硬度沿深度方向从表面到内部逐渐降低。通常情况下，材料强度可通过以下公式预测：

$$\sigma = \sigma_0 + \frac{k}{\sqrt{d_{fp}}} + aGb\sqrt{\rho} \qquad (4-3)$$

式中　σ——屈服强度；

　　　σ_0——摩擦应力；

　　　k——霍尔-佩奇常数；

　　　d_{fp}——位错的平均自由程；

　　　a——常数；

　　　G——剪切模量；

　　　b——Burgers 矢量；

　　　ρ——位错密度。

根据式(4-3)，材料的强度或硬度分别随着位错平均自由程的减小和位错密度的增加而增加。在这项研究中，变形表面附近最外层的晶粒尺寸可达到纳米级，而基体内部中心附近过渡区的晶粒尺寸大于 $100\mu m$，这说明晶界密度逐渐分布。这样，位错的平均自由程沿着深度逐渐变化，位错密度随着上表面以下深度的减小而增加。因此，CrCoNi 中熵合金的硬度沿着深度呈现梯度分布。此外，晶粒中的孪晶边界可以防止位错移动，这表明孪晶边界减少了位错的平均自由程，并提高了 CrCoNi 中熵合金的强度或硬度。

此外，从本实验结果中可以看出，在距变形表面相同距离处，UV-SFT 工艺后 CrCoNi 中熵合金样品的显微硬度低于传统表面塑性变形的显微硬度，并且距离表面越远，差异越大。许多关于超声振动的研究表明，在应用超声振动的过程中观察到超声软化。应力减少的量取决于晶粒尺寸，即对于较大的晶粒尺寸，应力减少量更大。这一现象可归因于一种或几种可能的机制，如晶格缺陷（如位错或晶界）对声能的吸收。这解释了超声振动表面塑性变形后，相同位置的显微硬度低于传统表面塑性变形的原因，即晶粒尺寸越大，显微硬度差异越大。

在单轴拉伸试验中，最明显的是在 UV-SFT 处理后，CrCoNi 中熵合金样品的屈服强度和极限拉伸强度值得到了极大的改善，而对样品塑性没有很大的影响。梯度结构在相同强度下其拉伸均匀延伸率是粗晶变形样品的数倍，表现出良好的强度和塑性匹配。拉伸过程中梯度结构组织之间的协调变形，可有效地抑制表面细小晶粒变形过程中可能产生的应变集中和早期颈缩，从而延迟表面晶粒结构的变形局域化和裂纹萌生，梯度纳米结构材料因而表现出良好的拉伸性能。

根据 Lindsay 关于超声波的早期理论，超声波在固体中传播时会产生内应力；因此，在 UV-SFT 工艺之后，CrCoNi 中熵合金样品显示出极高的塑性变形能力。最接近变形表面的纳米晶层在产生高外部应变硬化方面起着关键作用，但是纳米晶层本身没有特别显著的额外硬化。首先，表面上的纳米颗粒层比内部中的粗颗粒内层具有更高的流动应力。纳米晶层受到核心稳定层的约束，这确保了纳米晶层在颈缩不稳定性期间具有高的横向应力。高侧向应力将促进额外滑移系统的操作，以帮助位错存储。其次，纳米晶层的早期颈缩在机械试验的早期阶段激活了多轴应力和应变梯度，从而在早期阶段启动额外的应变硬化过程。

在超声波振动表面塑性变形后，CrCoNi 中熵合金获得了优异的应变硬化能力，这为确保其高延伸率提供了坚实的基础。在这项工作中，评估和分析了所研究的 CrCoNi 中熵合金在 UV-SFT 工艺后在不同参数下的应变硬化曲线，其 $\ln(d\sigma/d\varepsilon)$ 与 $\ln\sigma$ 曲线如图 4-17 与图 4-18 所示。传统机械 SFT 工艺的 $\ln(d\sigma/d\varepsilon)$ 值随着 $\ln\sigma$ 增加的幅度低于均匀化退火状态。在 UV-SFT 之后，$\ln(d\sigma/d\varepsilon)$ 值通常分别高于均匀化退火状态和传统机械 SFT 工艺。通常 CrCoNi 中熵合金的拉伸应变硬化过程可分为 5 个阶段。阶段 A 应变硬化呈下降状态通常对应于孪晶萌生之前的阶段，在此期间晶粒中的变形机制主要是位错多滑移。

由于晶粒中可容纳的位错几乎饱和，应变硬化随着应变的进行而逐渐减小。B 阶段是应变硬化的上升阶段，该阶段的上升斜率通常很明显。这一阶段主要对应于初生孪晶的形成，增加位错的钉扎和更多滑移系统的激活。阶段 C 中应变硬

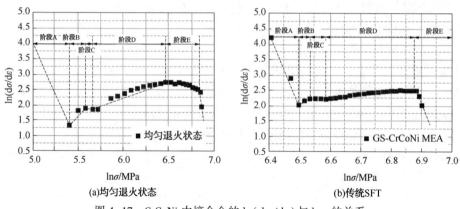

图 4-17　CrCoNi 中熵合金的 ln(dσ/dε) 与 lnσ 的关系

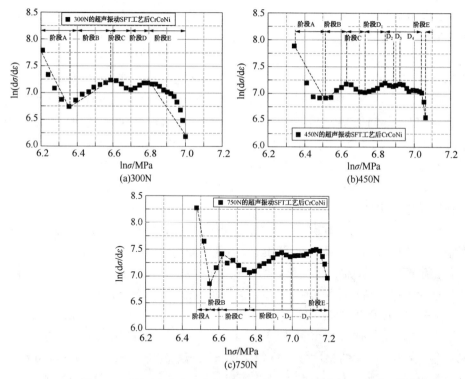

图 4-18　不同变形力(300N、450N 和 750N)UV-SFT 工艺后
CrCoNi 中熵合金的 ln(dσ/dε) 与 lnσ 关系图

化的减少主要是由于一次孪晶成核率的降低。之后，由于二次孪晶的启动，中熵合金的应变硬化能力再次提高，这被命名为阶段 D。最后，当孪晶活动减缓并发生塑性不稳定性时，应变硬化降低阶段 E 发生。

通过比较均匀化退火下，在传统的表面塑性变形过程以及在不同变形力的UV-SFT之后的CrCoNi中熵合金，可以发现它们的塑性应变硬化可以分为5个阶段，这表明CrCoNi中熵合金的梯度孪晶结构保持了高应变硬化能力。不同之处在于，在以450N和750N的变形力进行超声振动表面塑性变形后，所研究的CrCoNi中熵合金在拉伸塑性应变过程中的阶段D具有一些轻微的扭曲，其可以进一步更详细地分为阶段D_1、阶段D_2、阶段D_3和阶段D_4。这可能是由于应力在二级孪晶的起始阶段多次达到临界剪应力所致；然而，由于这种预塑性变形，CrCoNi中熵合金的屈服强度显著提高，同时保持其延性和韧性，因此可以获得更优异的力学性能。

参 考 文 献

[1] 李书博, 刘茜, 景国玺, 等. 宽幅温度和应力范围下蠕墨铸铁的蠕变试验及本构模型对比研究[J]. 机械强度, 2024, 46(1)：70-76.

[2] 陈超, 王志辉, 彭勇, 等. 轧制铝合金板材剪切与反剪切力学性能的研究[J]. 机械工程与自动化, 2021(5)：35-38, 41.

[3] 王程明, 孙晓冉, 赵轶哲, 等. X80管线钢闪光对焊热模拟试验[J]. 河北冶金, 2023(12)：56-59.

[4] FANG T H, LI W L, TAO N R, et al. Revealing extraordinary intrinsic tensile plasticity in gradient nano-grained copper[J]. Science, 2011, 331(6024)：1587-1590.

[5] WANG L, LI M Y, TAN H, et al. Enhanced mechanical properties of a gradient nanostructured medium manganese steel and its grain refinement mechanism[J]. Journal of Materials Engineering and Performance, 2020, 29：3812-3823.

[6] TEWARY N K, GHOSH S K, BERA S, et al. Influence of cold rolling on microstructure, texture and mechanical properties of low carbon high Mn TWIP steel[J]. Materials Science and Engineering A, 2014, 615：405-415.

[7] FROMMEYER G, DREWES E J, ENGL B. Physical and mechanical properties of iron-aluminum-(Mn, Si)lightweight steels[J]. Revue de Métallurgie, 2020, 97(10)：1245-1253.

[8] WANG L, BENITO J A, CALVO J, et al. Equal Channel Angular Pressing of a TWIP steel：Microstructure and mechanical response[J]. Journal of Materials Science, 2017, 52(11)：6291-6309.

[9] WANG L, BENITO J A, CALVO J, et al. Twin-induced plasticity of an ECAP-processed TWIP steel[J]. Journal of Materials Engineering and Performance, 2017, 26(2)：554-562.

[10] MA Y, YUAN F P, YANG M X, et al. Dynamic shear deformation of a CrCoNi medium-entropy alloy with heterogeneous grain structures[J]. Acta Materialia, 2018, 148：407-418.

[11] LU J Z, LUO K Y, ZHANG Y K, et al. Grain refinement mechanism of multiple laser shock processing impacts on ansi 304 stainless steel[J]. Acta Materialia, 2010, 58(16)：5354-

5362.

[12] CURTZE S, KUOKKALA V－T. Dependence of tensile deformation behavior of twip steels on stacking fault energy, temperature and strain rate[J]. Acta Materialia, 2010, 58 (15): 5129-5141.

[13] AO N, LIU D, XU X, et al. Gradient nanostructure evolution and phase transformation of α phase in Ti-6Al-4V alloy induced by ultrasonic surface rolling process[J]. Materials Science and Engineering: A, 2019, 742: 820-834.

[14] AO N, LIU D, ZHANG X, et al. The effect of residual stress and gradient nanostructure on the fretting fatigue behavior of plasma electrolytic oxidation coated Ti-6Al-4V alloy[J]. Journal of Alloys and Compounds, 2019, 811: 152017.

[15] AHMADI F, FARZIN M, MERATIAN M, et al. Improvement of ecap process by imposing ultrasonic vibrations[J]. The International Journal of Advanced Manufacturing Technology, 2015, 79(1-4): 503-512.

[16] BITZEK E, GUMBSCH P. Dynamic aspects of dislocation motion: atomistic simulations [J]. Materials Science and Engineering: A, 2005, 400-401: 40-44.

[17] WU X, JIANG P, CHEN L, et al. Extraordinary strain hardeningby gradient structure [J]. Proceedings of the National Academy of Sciences, 2014, 111(20): 7197-7201.

[18] SUH C M, SONG G H, SUH M S, et al. Fatigue and mechanical characteristics of nano-structured tool steel by ultrasonic cold forging technology[J]. Materials Science and Engineering: A, 2007, 443(1/2): 101-106.

[19] LOU S, LI Y, ZHOU L, et al. Surface nanocrystallization of metallic alloys with different stacking fault energy induced by laser shock processing[J]. Materials & Design, 2016, 104: 320-326.

[20] YE C, TELANG A, GILL A S, et al. Gradient nanostructure and residual stresses induced by ultrasonic nano-crystal surface modification in 304 austenitic stainless steel for high strength and high ductility[J]. Materials Science and Engineering: A, 2014, 613: 274-288.

[21] CERRI E, DE MARCO P P, LEO P. FEM and metallurgical analysis of modified 6082 aluminium alloys processed by multipass ecap: influence of material properties and different process settings on induced plastic strain[J]. Journal of Materials Processing Technology, 2009, 209(3): 1550-1564.

[22] HUGHES D A, LEBENSOHN R A, WENK H R, et al. Stacking fault energy and microstructure effects on torsion texture evolution[J]. Proceedings of the Royal Society of London. Series A: Mathematical, Physical and Engineering Sciences, 2000, 456 (1996): 921-953.

第5章

CrCoNi中熵合金的动态力学性能

动态力学性能是指物体在运动状态下的表现，包括物体的运动学特性，如速度、加速度、位置等，以及物体的动力学特性，如质量、惯性、弹性等。在工程和物理学中，动态力学性能被用来分析和设计机械系统、结构、车辆、航空器等。

例如，在机械系统中，动态力学性能可以用来分析机械元件的运动学特性，如曲轴的转速和加速度，并用来设计和优化机械系统的性能。在结构领域，动态力学性能可以用来分析结构在震动和风荷载作用下的反应，并用来设计结构的抗震性能。在汽车和航空领域，动态力学性能可以用来分析车辆和航空器在运动状态下的性能，并用来设计和优化车辆和航空器的稳定性和操纵性。

5.1　动态力学分类

金属材料力学性能的研究涉及很多因素，不仅与材料性质有关，而且与外部加载条件如加载速率、温度、加载的大小、方向有关，甚至和材料的几何结构有关，其中加载应变率、加载应力状态是两个重要的影响因素。不同应变率加载条件下材料表现出不同的响应特点，在高应变率动载作用下，材料在高应变率载荷下的动态力学行为与准静态有很大不同，材料的流变行为受应变硬化、应变率硬化及热软化的共同作用。

材料在高应变率下的动态力学性能对于研究爆炸、高速碰撞、动态断裂、弹塑性应力波传播等动力学响应过程具有重要意义，是结构设计的基础，也是开展数值模拟研究的基础。

（1）冲击

冲击是以很大的速度将载荷作用到物体上的一种加载方式。在这种载荷作用下，作用力在极短的时间内有很大的变化幅度。生产有时要利用冲击载荷来实现静载荷难以达到的效果，如凿岩机、冲床、锻锤及铆钉枪等都是利用冲击载荷进行工作的。冲击载荷和静载荷的主要区别在于它们的加载速度不同。加载速度指的是单位时间内、单位面积上载荷增加的数值，其量纲是 MPa/s。由于加载速度的增加，变形速度也就随之增加。变形速度指的是单位时间的形变量，有两种表示方法：①变形速度；②应变速率。由于载荷的冲击性，材料的塑性变形机制、断裂机制和抗力有明显变化。

研究表明，当应变速率在 $10^{-4} \sim 10^{-2}$ s 时，金属的力学行为没有明显的变化，可按静载处理；当应变速率在 $10^2 \sim 10^6$ s 时，金属力学行为将发生显著变化，因此必须考虑由于变形速度增大而给材料力学行为带来的一系列变化。图 5-1 所示为冲击试验示意。

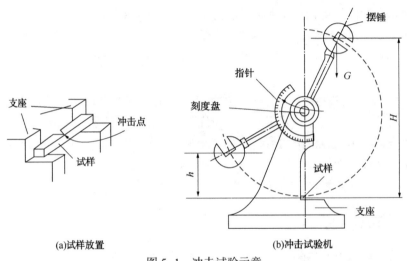

(a)试样放置 (b)冲击试验机

图 5-1　冲击试验示意

（2）爆炸

爆炸是一种偶遇荷载，峰值压强大，作用时间短，给结构构件带来很大的动力冲击，使材料产生应变率效应的同时，也使构件产生不可忽略的惯性，因此需要进行瞬态动力分析，并在分析中采用应变率相关的材料模型。

爆炸荷载是非常不稳定的荷载，在千分之几毫秒内就会产生巨大的变化，但通常可以简化成三角形或双峰值加载模型。文献研究认为爆炸发生在室内时，会在地面附近形成一热空气层，冲击波在热层中的传播速度要比在未加热的空气中快，因而产生前驱附加冲击波，在主激波前传播，这种前驱效应通常使峰值压力降低、升压时间增加以及动压增加。前驱效应不仅影响波的参数，而且改变了波形，典型的前驱波有两个压力峰值，第一个峰值小于第二个峰值；Smith 等提出了在对气体有约束泄压的情况下发生爆炸时爆炸波的峰值特征标准时程曲线；

Bruce 给出了爆炸超压模拟的几种新方法，通过合理的不确定性评估得到设计压力的还原值，讨论了与概率方法相关界限，并给出了证明这些界限的方法；徐慧等采用日本学者惠美洋彦提出的等效 TNT 方法，估算了可燃气体泄漏引发爆炸产生的最大压力，研究爆炸载荷作用下构件的变形和破损的定量评估；丁信伟和杨国刚研究了内置半球栅条形障碍物半径、栅条宽度与空隙宽度 3 个参数对可燃气云爆炸场的影响，结果表明：该类型障碍物对可燃气云爆炸威力有较大的增强作用，最大超压可达到无障碍物时的 10 倍以上。以上研究表明，爆炸荷载会随着爆炸物类型、爆炸场地、泄压条件、有无障碍物等因素而改变。图 5-2 展示了爆炸载荷示意。

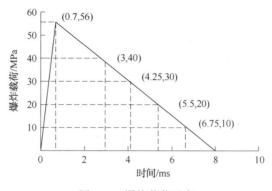

图 5-2　爆炸载荷示意

5.2　动态力学性能测试方法

动态力学性能测试技术代表着在材料科学和工程领域中对材料动态响应和性能深入研究的一系列前沿实验方法。这些技术被精心设计，以模拟材料在实际应用中可能面临的各种复杂动态环境，其中包括高速运动、频繁变化的力或冲击等多样化的加载条件。通过应用这些先进技术，研究人员能够更全面、更准确地了解材料在这些挑战性条件下的行为特性，从而为材料设计、工程应用和科学研究提供有力的支持。下面对常见的动态力学性能测试技术进行详细介绍：

（1）冲击试验

冲击试验旨在评估材料在受到突然冲击或外力作用时的响应和性能。这种试验模拟了材料在受到冲击负荷时的行为，例如在事故、碰撞、爆炸等突发事件中可能发生的情况。冲击试验的目的是测量材料在这种瞬时负荷下的强度、韧性、断裂性等关键性能指标。其基本步骤包括选择适当的试验设备，准备试样，设定试验条件(如冲击力、速度等)，进行冲击试验并测量记录试验数据，最后分析结果以评估材料的韧性、断裂性等关键性能。

许天旱等对超高强度级套管钻井钢在不同温度下（−60~20℃）下进行冲击试验，研究了回火和冲击试验温度对套管钻井钢冲击韧性和断裂机理的影响。结果表明：随着回火温度升高，套管钻井钢的马氏体逐渐消失，形成回火索氏体组织，室温冲击时消耗的冲击能增大，最大冲击载荷减小，且随着冲击试验温度的降低，其冲击能逐渐减小。

周相海通过对一种马氏体时效钢进行室温下不同尺寸的夏比缺口冲击试验，得到冲击断口上测得的剪切唇宽度与冲击试样的高度有关，与冲击试样的宽度无关的结论。蔺卫平等对 X60 和 X80 两种管线钢进行了冲击试验，在不同温度下对 8mm 和 2mm 两种尺寸的冲击锤刃进行了测试，发现冲击能量>300J 时，8mm 摆锤锤刃吸收能量值较高，冲击能量<300J 时，2mm 摆锤锤刃吸收能量值较高。然而，这一结论并未明确指出哪种摆锤尺寸具有更高或更低的吸收能量值，具体结果还需考虑材料本身的韧性情况。

（2）高应变率测试

高应变率测试旨在深入研究材料在极端动态加载条件下的响应和性能特性。在这一测试中，材料受到的应变率相对较高，通常在千赫兹至兆赫兹的频率范围内，远远超过了常规加载条件下的应变率。在进行高应变率测试时，需要选择合适的实验设备，例如压缩机、拉伸机或冲击试验机等。这些设备的设计允许在瞬间内对材料施加高强度的冲击，模拟实际世界中的快速和复杂加载情况。

杨东等采用分离式霍普金森压杆，研究了钛合金 Ti6Al4V 在温度为 25~800℃、应变速率为 2000~7000s^{-1} 的冲击压缩下的动态力学行为和微观组织演变，发现 Ti6Al4V 表现出显著的应变硬化、应变率强化、应变率增塑和温度软化效应，且材料的应变硬化效应会随着加载温度和应变率的增加而减弱，如图 5−3 所示。

王梓荻等利用分离式 Hopkinson 压杆，提出了一种新型的超高温高应变率压缩试验方法，可有效测试 1873K 下材料的动态力学行为，结构示意如图 5−4 所示，该方法通过电机驱动入射杆和透射杆同步组装系统，并借助高精度延时控制器准确控制撞击杆发射系统以及入射杆和透射杆同步组装系统的启动时间。这样可以精确控制冷接触时间（小于 10ms）以及组装过程对试样冲击力的影响，避免超高温下冷接触时间对测试结果产生影响并防止试样塑性变形或破坏。

（3）冲击波测试

冲击波测试作为一项重要的实验方法，旨在通过产生冲击波，模拟材料在极端条件下的响应，其中包括爆炸、碰撞或其他高能事件。这种测试的目的超越了简单的性能评估，更是为了全面了解材料在可能受到意外或极端冲击的环境中的行为。实验过程中，通常采用爆炸源或专用冲击器等设备，产生具有高能量的冲击波，在波动的传播路径上安置了被测材料样品，使其置身于冲击波的冲击和变形之中。样品的选择和准备是冲击波测试的关键步骤。此外，试验中还需要精确测量和记录与材料响应相关的多种数据，包括但不限于变形程度、位移、应力和时间等。这些数据的综合分析将使研究人员深入洞察材料在冲击波环境中的动态性能。

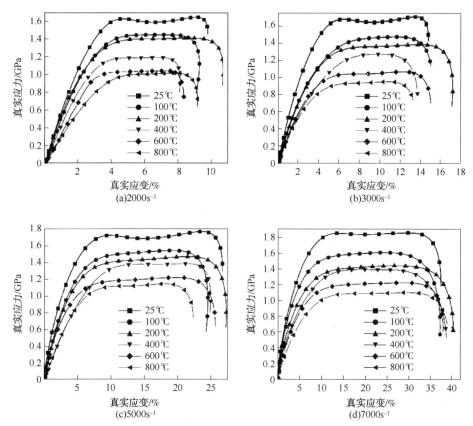

图5-3   Ti6Al4V试样在不同温度和应变率条件下的真实应力-应变曲线

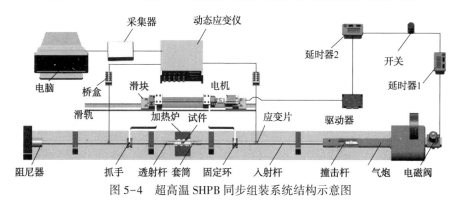

图5-4   超高温SHPB同步组装系统结构示意图

（4）脉冲热测试

脉冲热测试旨在研究材料或设备在瞬态热负载条件下的热响应和性能。其特点在于通过施加瞬时、高强度的热负载，模拟实际环境中可能遇到的瞬态热情况，使材料或设备迅速经历升温和冷却过程。这种测试使用专门设计的实验设备，如脉冲热流源或强光脉冲激光系统，以在短时间内提供高温脉冲。试验样品被置于脉冲热源的作用下，测量其在快速热冲击下的温度分布、热传导性能等参数，并通过分析实验数据来评估材料或设备在瞬态热负载下的热响应、稳定性以及可能的热损伤情况。脉冲热测试广泛应用于火灾安全工程、电子器件设计、防护材料研究等领域，为评估材料在短时间内面临高温脉冲的能力提供关键信息，为各种应用领域中材料和设备的设计和安全性评估提供重要的实验手段。

（5）动态力学分析

动态力学分析旨在深入研究材料或结构在受到外部动态加载时的响应和行为。这种分析方法聚焦于理解材料或结构在实际使用中可能经历的各种动态环境，包括振动、冲击、脉冲加载等。这些动态加载条件模拟了材料或结构在日常运行或特定事件下可能遭遇的实际工作环境。

在进行动态力学分析时，通常会采用专门设计的实验设备，如冲击试验机、振动台等，以施加外部动态加载。通过使用各种传感器，例如加速度计、应变计、位移传感器等，测量和记录材料或结构在动态加载下的响应。这些响应数据包括位移、速度、加速度、应力、应变等多个参数，提供了全面的信息，以便了解在不同动态加载条件下材料或结构的行为。动态力学分析不仅用于确定材料或结构的固有动态特性，例如固有频率和振型，还用于评估它们在动态加载下的强度、耐久性，以及可能出现的破坏或变形情况。

5.3　CrCoNi 中熵合金的动态压缩力学性能

5.3.1　动态压缩力学性能测试方法

在本研究中，通过单轴压缩试验对 CrCoNi 中熵合金的力学行为进行了定量分析，以定量分析表面摩擦变形工艺前后梯度结构对其的强化作用。压缩试验在 Split Hopkinson 压杆（SHPB）上进行，如图 5-5 所示，并对 CrCoNi-MEA 进行高温和高应变速率压缩试验。SHPB 系统装置包括气室、子弹、入射杆、传输杆和能量吸收装置。在气室的压力下，子弹以一定的速度撞击入射杆，在入射杆中产生一系列向试样传播的压缩应力波，并向试样施加动态压缩载荷。由于样品和棒之间的波阻抗不同，一些入射波被反射回入射棒，而另一部分则通过样品传输到传输棒。超动态应变仪粘贴在入射杆和透射杆上，用于测量相应的入射、反射和透射应力波。根据一维应力波理论，应变率、应变和应力如下：

$$\dot{\varepsilon}(t) = -\frac{2C_0}{l_0}\varepsilon_r(t) \tag{5-1}$$

$$\varepsilon(t) = -\frac{2C_0}{l_0}\int_0^t \varepsilon_r(t)\,\mathrm{d}t \tag{5-2}$$

$$\sigma(t) = \frac{A}{A_0}E\varepsilon_t(t) \tag{5-3}$$

由于样品厚度较薄，可以引入均匀性假设，即：

$$\varepsilon_i(t) + \varepsilon_r(t) = \varepsilon_t(t) \tag{5-4}$$

式中　$\varepsilon_i(t)$——入射应变波；

　　　　$\varepsilon_r(t)$——反射应变波；

　　　　$\varepsilon_t(t)$——透射应变波；

　　　　C_0——弹性波速；

　　　　A_0——样品的原始横截面积；

　　　　l_0——样品的初始长度；

A 和 E 分别——横截面积和弹性模量。

样品为 2mm×2mm×2mm 立方体，对于梯度结构的 CrCoNi-MEA，加载方向垂直于梯度方向。应变率测试范围为 $2500s^{-1}$、$3500s^{-1}$、$7000s^{-1}$，温度测试范围为 293~573K。在试验数据中，能量吸收 C（每单位体积吸收的能量）使用以下方程计算：

$$C = \int_0^\varepsilon \sigma\,\mathrm{d}\varepsilon \tag{5-5}$$

式中　σ——压缩应力；

　　　　ε——压缩应变。

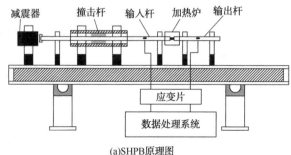

(a)SHPB原理图　　　　　　　　　　(b)高温控制装置

图 5-5　压缩试验

5.3.2 动态压缩力学性能测试结果

1. 室温动态压缩性能

图 5-6 所示为 CrCoNi 中熵合金在室温下，$2500s^{-1}$、$3500s^{-1}$ 和 $7000s^{-1}$ 应变速率下的压缩应力-应变曲线和相应的应变硬化率曲线。这些曲线提供了关于合金在动态加载条件下的力学行为的重要信息。

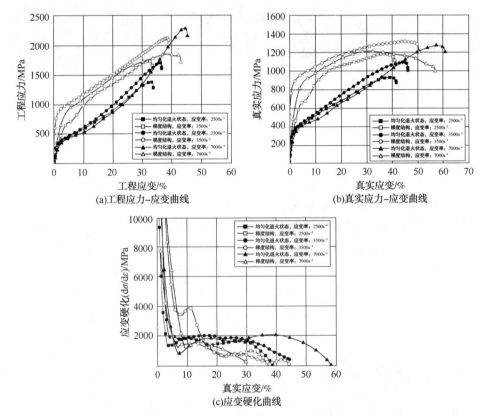

图 5-6　CrCoNi 中熵合金在室温条件进行动态压缩

从表 5-1 可知，经过均匀化退火处理后的 CrCoNi 中熵合金在 $2500s^{-1}$、$3500s^{-1}$ 和 $7000s^{-1}$ 的加载应变率下，工程屈服强度分别为 356.6MPa、373.3MPa 和 383.7MPa。而经过表面滑动摩擦工艺处理后，合金形成了梯度结构，其屈服强度得到了显著增强。具体来说，在相应的应变速率下分别为 717.5MPa（提高 1.01 倍）、905.1MPa（提高 1.42 倍）和 936.7MPa（提高了 1.44 倍）。这一强化增量的趋势在图 5-6(b) 中的真实应力-应变曲线中也得到了体现。此外，在 $2500s^{-1}$、$3500s^{-1}$、$7000s^{-1}$ 的加载应变率下，均匀结构 CrCoNi 中熵合金的屈服强度分别为 372.4MPa、381.3MPa 和 401.9MPa，梯度结合金的屈服强度大幅跃升至 693.7MPa、916.0MPa 和 906.5MPa。

表 5-1　CrCoNi 中熵合金在室温压缩下的力学性能详细信息

| 应变率 | 材料状态 | 屈服强度/MPa | | 极限强度/MPa | | 极限应变/% | | 能量吸收/ |
		工程	真实	工程	真实	工程	真实	$(\times 10^3 \text{J/m}^3)$
2500s^{-1}	退火条件	356.6	372.4	1370.6	925.8	34.1	41.6	280.5
	梯度结构	717.5	693.7	1733.1	1184.7	33.9	41.5	394.1
3500s^{-1}	退火条件	373.3	381.3	1699.7	1083.5	36.9	46.0	351.8
	梯度结构	905.1	916.0	2076.3	1317.1	40.0	51.1	597.7
7000s^{-1}	退火条件	383.7	401.9	2276.0	1274.3	45.7	60.7	500.2
	梯度结构	936.7	906.5	1848.6	1210.6	43.3	56.8	606.2

材料在动态压缩实验中能达到失效状态，获得的极限强度和失效应变数据较为严谨，可用于接下来分析。首先，无论是从工程应力还是实际应力的角度来看，表面滑动摩擦工艺对极限强度都有非常显著的提高作用。值得注意的是，在室温条件下的动态压缩试验中，表面滑动摩擦工艺对合金的破坏应变几乎没有什么影响。在能量吸收方面，经过处理的梯度结构 CrCoNi 中熵合金具有更高的能量吸收能力。这意味着当发生冲击或碰撞事件，经过梯度结构 CrCoNi 中熵合金能够吸收更多的能量，从而减少结构损伤的风险。

图 5-6(c)所示为均匀和梯度结构 CrCoNi 中熵合金在不同应变速率下加载的应变硬化曲线。可以看出，在多种应变率下，均匀化退火状态的合金表现出相对优异的应变硬化能力。经过表面滑动摩擦工艺处理后，尽管梯度结构 CrCoNi 中熵合金的应变硬化率略逊于均匀结构，但它仍然能在室温下维持较高的应变硬化能力。由此可见，CrCoNi 中熵合金在加载过程能保持较高的承载能力，能够有效地抵抗塑性变形。

2. 高温动态压缩性能

高温和高应变率下 CrCoNi 中熵合金的力学性能一直是研究的重中之重。在本研究中，首次针对两种结构的 CrCoNi 中熵合金，在 100℃ 的条件下进行了高应变率加载压缩试验。图 5-7 所示为在 100℃ 下，两种结构的合金材料在不同应变率条件下的动态压缩力学性能曲线。详细数据如表 5-2 所示。

表 5-2　CrCoNi 中熵合金在 100℃压缩下的力学性能详细信息

| 应变率 | 材料状态 | 屈服强度/MPa | | 极限强度/MPa | | 极限应变/% | | 能量吸收/ |
		工程	真实	工程	真实	工程	真实	$(\times 10^3 \text{J/m}^3)$
2500s^{-1}	退火条件	346.2	327.4	934.9	695.8	26.3	29.6	133.6
	梯度结构	738.5	779.5	1737.7	1106.4	40.3	52.0	468.0

应变率	材料状态	屈服强度/MPa		极限强度/MPa		极限应变/%		能量吸收/
		工程	真实	工程	真实	工程	真实	($\times 10^3$ J/m^3)
3500s^{-1}	退火条件	361.2	387.5	1372.6	924.6	34.1	41.7	280.5
	梯度结构	784.8	780.4	1737.4	1057.3	43.6	57.1	521.7
7000s^{-1}	退火条件	360.0	377.6	2279.0	1347.2	42.8	55.8	502.1
	梯度结构	1074.8	1043.7	1828.5	1308.0	40.4	51.4	599.8

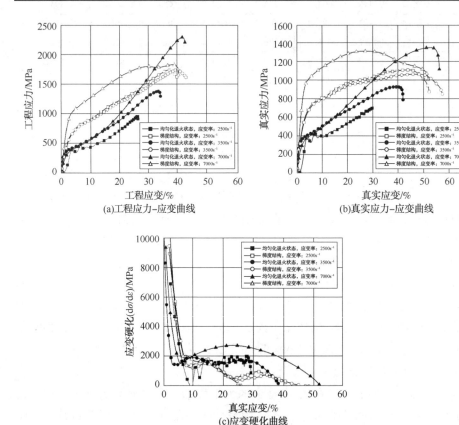

图5-7　CrCoNi中熵合金在100℃下动态压缩实验

从基本趋势来看，应力-应变情况与室温下的相应曲线颇为相似。具体而言，表面滑动摩擦工艺显著提高了2500s^{-1}、3500s^{-1}和7000s^{-1}应变率下的压缩屈服应力，通常增加1~2倍或更多。同时，表面滑动摩擦工艺在保持失效应变不变的情况下，有效增强了合金的能量吸收能力。然而，与室温下的加载情况不同的是，100℃下的加载使得均匀结构的CrCoNi中熵合金表现出一定程度的温度效应。即随着温度的升高，屈服强度、极限强度和破坏应变均有所降低。同时，应变速率效应也随着温度的升高而变得更为显著。在应变硬化方面，均匀结构的CrCoNi中熵合金在100℃下仍然表现出优异的应变硬化能力，尤其是在7000s⁻¹的高应变速率下，其性能尤为突出。

由图5-8可以看出，当温度升高到200℃时，均匀结构的CrCoNi中熵合金的温度效应越发显著。与室温及100℃下相比，随着温度的升高，材料的屈服强度和极限强度均呈现一定程度的下降。值得注意的是，200℃时，不同应变率下，梯度结构对CrCoNi中熵合金力学性能的优化效果并不相同。在2500s⁻¹和3500s⁻¹的应变率下，梯度结构CrCoNi中熵合金表现出一定程度的热软化效应，屈服强度和极限强度相较100℃时有所降低，其中极限强度的降低程度尤其明显，与均匀结构的合金情况相似。而当应变率提升到7000s⁻¹时，情况发生改变。200℃下测得的抗压屈服强度和极限强度数值均高于100℃时的数值，表现出一定的强化效应。至于失效应变和能量吸收能力方面，无论是均匀结构还是梯度结构的CrCoNi中熵合金，在200℃下测试得到的值与在100℃下测试获得的值没有显著差异。

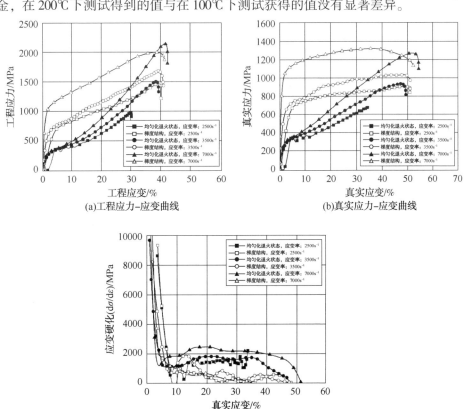

(a)工程应力-应变曲线　　　　(b)真实应力-应变曲线

(c)应变硬化曲线

图5-8　CrCoNi中熵合金在200℃下动态压缩实验

温度升至300℃后，不同应变率下，均匀结构的 CrCoNi 中熵合金的极限强度、屈服强度、破坏应变和能量吸收能力与200℃时没有显著差异（表5-4）。这表明，一旦温度达到200℃，进一步升温对均匀结构 CrCoNi 中熵合金的动态压缩力学性能的影响已相当有限（表5-3）。然而，对于梯度结构的 CrCoNi 中熵合金而言，情况则有所不同。在7000s^{-1}的应变率下，其高温压缩力学性能有显著下降的趋势，这一点在能量吸收能力上也有所体现。

表5-3　CrCoNi 中熵合金在 200℃ 压缩下的力学性能详细信息

| 应变率 | 材料状态 | 屈服强度/MPa | | 极限强度/MPa | | 极限应变/% | | 能量吸收/ |
		工程	真实	工程	真实	工程	真实	（×10³J/m³）
2500s^{-1}	退火条件	338.9	321.1	994.0	691.1	29.8	33.9	150.3
	梯度结构	758.6	726.5	1506.6	921.4	39.7	50.7	406.5
3500s^{-1}	退火条件	319.7	339.5	1513.2	951.4	38.8	49.0	313.2
	梯度结构	747.7	769.6	1689.6	1049.5	40.4	50.7	467.8
7000s^{-1}	退火条件	333.3	336.0	2150.7	1286.6	41.8	54.1	445.5
	梯度结构	1114.9	1118.0	2023.7	1334.3	40.8	52.0	651.0

表5-4　CrCoNi 中熵合金在 300℃ 压缩下的力学性能详细信息

| 应变率 | 材料状态 | 屈服强度/MPa | | 极限强度/MPa | | 极限应变/% | | 能量吸收/ |
		工程	真实	工程	真实	工程	真实	（×10³J/m³）
2500s^{-1}	退火条件	320.3	337.1	910.6	658.7	27.3	30.4	133.1
	梯度结构	785.3	760.2	1451.7	904.9	39.6	50.2	412.6
3500s^{-1}	退火条件	328.5	338.2	1326.4	890.0	33.9	41.3	257.4
	梯度结构	730.7	697.4	1604.4	1008.8	41.1	53.0	471.8
7000s^{-1}	退火条件	354.6	359.1	2150.0	1316.4	41.2	53.1	480.8
	梯度结构	1211.6	1158.1	2004.9	1359.1	44.4	59.5	722.8

尽管如此，从整体的测试结果来看，在所设定的温度和应变速率范围内，梯度结构仍然显著提升了材料的屈服强度和极限强度，并且在提升这些性能的同时，没有牺牲材料的塑性和韧性。

5.3.3　动态压缩力学性能分析

1. 变形机制

本实验探究了 CrCoNi 中熵合金在不同温度和应变率下的动态压缩力学性能，所研究的合金材料在所有条件下都显示出优异的综合力学性能。首先，在较低的屈服强度下，均匀结构的 CrCoNi 中熵合金表现出较高的极限强度、应变硬化能力和破坏应变。这主要归因于孪晶诱导塑性（Twinning Induced Plasticity，TWIP）效应。综合先前对 CrCoNi 中熵合金进行的动态拉伸实验的研究，我们可以合理推断，在室温变形过程中，该合金首先会产生较大尺寸的一次孪晶，随后形成高密度的二次孪晶。在此过程中，提高应变率有助于促进孪晶的形成。相对于位错的积累、晶粒细化和动态再结晶，变形孪晶在提升强度方面的贡献最为显著。

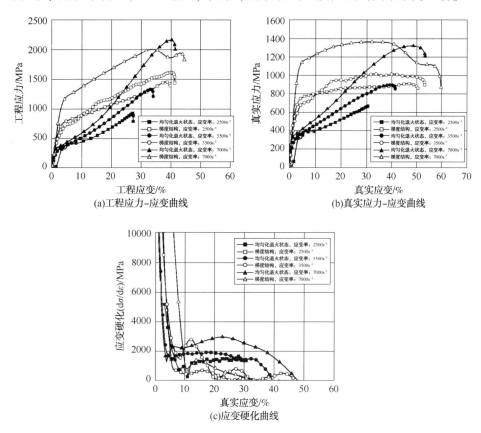

图 5-9　CrCoNi 中熵合金在 300℃下动态压缩实验

在达到屈服点之前，CrCoNi 中熵合金主要受到弹性应变的影响。梯度结构在相同载荷条件下显著提升了 CrCoNi 中熵合金的屈服强度，这主要是由于最外层靠近变形表面区域的纳米晶层在产生高应变硬化方面起着关键作用。相较内部中心区域的粗颗粒层，最外层靠近表面区域的纳米晶体层具有更高的流动应力。中心稳定层对纳米晶体层起到的约束作用，确保了纳米晶体层在不稳定的颈缩过程中能够保持较高的横向应力。然而，在相同的初始微观结构下，材料的屈服强度主要由变形条件决定。在本实验中，提高应变速率和降低温度都可以提高屈服强度，并且应变速率对屈服强度的影响大于温度。高应变速率限制了位错的迁移速率，并减少了位错滑移所需的时间。

在动态压缩实验中，均匀结构的 CrCoNi 中熵合金在各种温度和应变速率测试条件下表现出良好的破坏应变。这表明，CrCoNi 中熵合金在高应变率变形过程中仍然表现出显著的孪晶诱导塑性效应，具有显著的孪生活动，并有效抑制了完全位错滑移机制。孪晶界面不仅增强了位错的运动，还增加了其储存能力，使一些位错能够沿着孪晶界面滑动，促进变形，延缓颈缩，并提高延展性。此外，孪晶界面可以有效地防止位错从一个孪晶区域移动到另一个孪晶区域，显著降低了局部位错的浓度。

2. 应变率效应

通过动态压缩实验所得到的应力–应变曲线发现，应变速率的变化对材料的强度产生了一定的影响。该应变率效应归因于，高应变率对晶粒之间滑移的连续性施加了阻碍作用，导致晶界附近的应力集中变得明显，进而增大变形阻力。因此，随着应变率的不断提升，材料的强度也会得到相应的增强。从图 5-10 中可以看出，在动态压缩变形过程中，CrCoNi 中熵合金在高应变率下的强度大多显著高于低应变速率时的强度。为了定量说明应变率对 CrCoNi 中熵合金强度的影响，可通过表达式(5-6)计算应变速率敏感系数，该系数表示应变速率变化引起的流动应力变化：

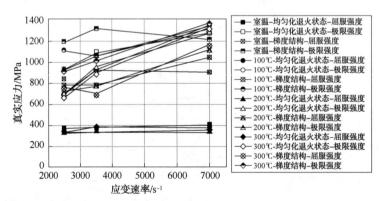

图 5-10　不同实验条件下 CrCoNi 中熵合金的屈服强度和
极限强度随应变速率的变化

$$m = \left(\frac{\partial \ln \sigma}{\partial \ln \dot{\varepsilon}} \right)_{\varepsilon} \tag{5-6}$$

式中　σ——流动应力；

$\dot{\varepsilon}$——应变率。

根据方程(5-6)的定义，m 的值与真实应变大小有关。本研究采用真实应变为25%时的流动应力来计算应变率敏感系数。具有均匀和梯度结构的 CrCoNi 中熵合金在不同温度下的应变率敏感性系数如表 5-5 所示。可以看出，无论温度如何变化，均匀结构的 CrCoNi 中熵合金均表现出显著的正应变率敏感性，并且随着温度的升高，应变率敏感性逐渐增加。这与一些具有类似结构的高熵合金的结果相似。Wang 等在 77~373K 的温度范围内对均匀结构的纳米晶 Ni 进行了深入研究，探讨了其应变率敏感性与温度之间的相关性。他们得出相似的结论，随着温度的升高，纳米晶 Ni 的应变率敏感性呈现指数级增长，这主要是由于高温条件下活化能的提升和活化体积的降低所导致的。应变率的敏感性与变形过程中位错的钉扎效应密切相关。众所周知，层错能低是 CrCoNi 中熵合金是一大特点，在变形过程中，孪晶诱导塑性效应会促使大量的形变孪晶产生。这将对位错运动产生钉扎效应，极大地减少位错运动的平均自由程，并增强均匀结构 CrCoNi 中熵合金的应变率敏感性。在梯度结构 CrCoNi 中熵合金中，除了出现大量间距较小的梯度孪晶外，样品表面的晶界密度也显著增加。这种"位错与晶界和孪晶界的相互作用"机制将表现出比传统的"晶格中森林位错相交"机制小得多的激活体积，并具有相对较高的应变率敏感度。因为位错在这些晶界和孪晶界中难以进行，导致需要更高的活化能，同时也使得合金对温度具有更强的依赖性。因此，相较均匀结构的 CrCoNi 中熵合金，梯度结构的 CrCoNi 中熵合金表现出更高的应变率敏感性，并且这种敏感性会随着温度的升高而进一步增强。

表 5-5　CrCoNi 中熵合金在不同温度下的应变速率敏感系数

温度	室温		100℃		200℃		300℃	
材料状态	均匀结构	梯度结构	均匀结构	梯度结构	均匀结构	梯度结构	均匀结构	梯度结构
应变率敏感系数	−0.06	0.06	0.30	0.29	0.33	0.43	0.42	0.45

3. 应变硬化能力

足够大的应变硬化率可以保证材料在变形过程中不发生局部变形。通过拟合具有均匀和梯度结构的 CrCoNi 中熵合金的均匀塑性变形阶段的 Hollomon 公式：

$$\sigma = k\varepsilon^n \tag{5-7}$$

可以获得如表 5-6 所示的均匀结构和梯度结构的 CrCoNi 中熵合金的应变硬化指数。可以看出，在不同条件下，均匀结构的 CrCoNi 中熵合金具有较高的应变硬化指数，这可归因于 CrCoNi 中熵合金展现的动态霍尔-佩奇效应。随着变形过程的持续进行，孪晶不断生成，导致位错的平均自由程逐渐缩短。孪晶界面不仅有效阻碍了位错的移动，而且缓解了应力集中。这种机制提高了材料的强度以及应变硬化的效果。

表 5-6　两种结构的 CrCoNi 中熵合金在不同实验条件下的应变硬化指数

温度	应变率	材料状态	应变硬化指数
室温	$2500s^{-1}$	均匀结构	0.43
		梯度结构	0.24
	$3500s^{-1}$	均匀结构	0.48
		梯度结构	0.16
	$7000s^{-1}$	均匀结构	0.61
		梯度结构	0.22
100℃	$2500s^{-1}$	均匀结构	0.51
		梯度结构	0.21
	$3500s^{-1}$	均匀结构	0.41
		梯度结构	0.18
	$7000s^{-1}$	均匀结构	0.68
		梯度结构	0.16
200℃	$2500s^{-1}$	均匀结构	0.56
		梯度结构	0.11
	$3500s^{-1}$	均匀结构	0.47
		梯度结构	0.16
	$7000s^{-1}$	均匀结构	0.61
		梯度结构	0.08
300℃	$2500s^{-1}$	均匀结构	0.51
		梯度结构	0.08
	$3500s^{-1}$	均匀结构	0.47
		梯度结构	0.14
	$7000s^{-1}$	均匀结构	0.57
		梯度结构	0.12

　　通过表面滑动摩擦工艺处理形成的梯度结构与通过严重塑性变形形成的众多超细/纳米晶粒结构不同，它在保持应变硬化能力方面展现出了独特的优势。尽管纳米晶粒层本身并未展示出显著的额外硬化效果，但最外层区域内的纳米晶层在引发显著的外部应变硬化方面发挥着决定性作用。首先，表面区域的纳米晶层受到的流动应力高于内层中心区的粗颗粒。由于中心稳定层对纳米晶层的约束作用，确保了纳米晶层在颈缩失稳过程能维持高横向应力。高横向应力能够促进附加滑移系统的活性，以协助储存位错。此外，纳米晶层的早期颈缩会激活多轴应

力和应变梯度，从而在早期阶段启动额外的应变硬化。这对梯度结构的整体应变硬化能力至关重要。同时，值得注意的是，随着应变速率的增加，应变硬化能力也逐渐变强，这可以从图5-7(c)、图5-8(c)、图5-9(c)中的应变硬化曲线或表5-6中的应变硬化指数中观察到。这表明对于CrCoNi中熵合金，动态压缩实验中的应变速率越高，其应变硬化能力越强，这可以使CrCoNi中熵合金在高应变率下具有更大的失效应变。

5.4 CrCoNi中熵合金的动态拉伸力学性能

5.4.1 动态拉伸力学性能测试方法

动态拉伸力学性能测试采用配备温控设备的分离式霍普金森拉力杆(SHTB)，高温控制装置如图5-11所示，其加载杆直径为10mm，图5-12所示为高应变率和高温耦合条件下，进行动态力学性能测试动态拉伸试样的尺寸。

图5-11 高温控制装置

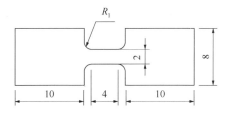

图5-12 动态拉伸试样尺寸示意(单位：mm)

SHTB系统包括气室、子弹、入射杆、传输杆和能量吸收装置。图5-13所示为其工作原理：气室内的压力推动子弹撞击入射杆，产生拉伸应力波传播到试样，施加动态拉伸载荷。一部分波被反射回入射棒，另一部分则穿过样品传输到传输棒。超动态应变仪用于通过粘贴在入射杆和透射杆上的应变仪，测量相应的入射、反射和透射应力波。

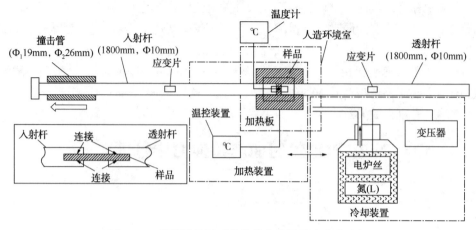

图 5-13　带温控装置系统的分离式霍普金森拉力杆

5.4.2　动态拉伸力学性能测试结果

5.4.2.1　室温动态拉伸性能

图 5-14 所示为室温下经过退火处理的均匀结构和梯度结构 CrCoNi-MEA 的拉伸力学性能对比图。其中包括工程应力-应变曲线、真实应力-应变曲线以及应变硬化曲线的变化情况。表 5-7 还列出了相应的强度和应变值。在本节中，主要讨论真实应力和应变的情况，因为这 2 个参数能够更真实地反映材料在受力过程中的行为。事实上，工程应力和应变呈现出相同的趋势。

表 5-7　CrCoNi-MEA 在室温下拉伸力学性能的详细数据

应变率	材料的状态	屈服强度/MPa		极限强度/MPa		失效应变/%		能量吸收/
		工程应力	真实应力	工程应力	真实应力	工程应变	真实应变	($\times 10^3$ J/m³)
10^{-3} s⁻¹	退火条件	351.6	361.1	673.9	1157.9	83.6	60.8	458.6
	梯度结构	623.8	670.3	695.4	963.1	43.0	35.7	265.2
3×10^3 s⁻¹	退火条件	367.1	376.8	537.1	759.3	41.8	35.0	179.9
	梯度结构	817.3	837.6	894.6	1125.7	28.6	25.2	239.9
10^4 s⁻¹	退火条件	381.4	396.7	558.9	782.1	43.4	36.0	200.0
	梯度结构	1050.4	1115.3	1143.5	1196.2	20.1	19.0	198.2

从图 5-14 中可以看到，室温条件下，梯度结构的引入对 CrCoNi-MEA 的性能产生了显著影响，它有效地解决了 CrCoNi-MEA 屈服强度低的问题。屈服强度是材料开始发生塑性变形时的应力值，是评价材料性能的重要指标之一。在梯度结构作用下，CrCoNi-MEA 在所有应变速率下的屈服强度都得到了显著提高。具

体而言，在应变速率为 $10^{-3}\,s^{-1}$ 时，屈服强度从原来的 361.1MPa 提升到了 670.3MPa，增长了近 1 倍；在应变速率为 $3\times10^3\,s^{-1}$ 时，屈服强度从376.8MPa 提升至837.6MPa，增长了1.2倍；而在应变速率为 $10^4\,s^{-1}$ 时，屈服强度的增长更为显著，从396.7MPa 提高到了 1115.3MPa，增长了近1.8倍。

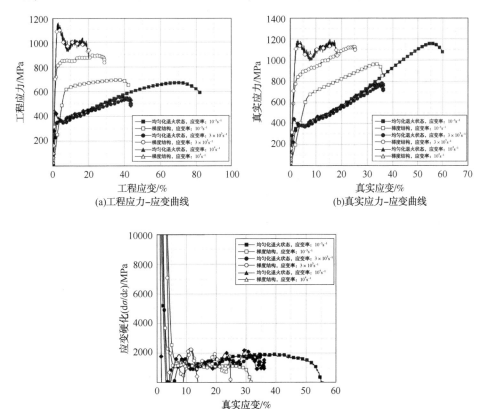

(a)工程应力-应变曲线

(b)真实应力-应变曲线

(c)应变硬化曲线

图 5-14　CrCoNi-MEA 在室温下的拉伸力学性能

除了屈服强度外，梯度结构对极限抗拉强度的影响虽然与屈服强度相比，极限抗拉强度的增长幅度没有那么大，但仍然呈现出了显著的增加趋势。值得注意的是，与其他晶粒细化方法相比，梯度结构的一个显著优势在于它并没有显著降低 CrCoNi-MEA 的失效应变。

在 $10^{-3}\,s^{-1}$、$3\times10^3\,s^{-1}$ 和 $10^4\,s^{-1}$ 的应变速率下，它们仍然分别保持35.7%、25.2%和19.0%的失效应变。金属材料在拉伸变形后的能量吸收能力可以表示如下：

$$C = \int_0^\varepsilon \sigma \mathrm{d}\varepsilon \tag{5-8}$$

式中　σ——压缩应力；

ε——压缩应变。

能够看出,在不同应变速率下,梯度结构下的 CrCoNi-MEA 的能量吸收能大于均匀结构下的 CrCoNi-MEA。

CrCoNi-MEA 在经历表面塑性变形(SFT)工艺处理后,能够维持其高断裂伸长率和能量吸收能力,这与其高应变硬化能力紧密相关。为了更深入地解析这一机制,对比了梯度结构与均匀结构 CrCoNi-MEA 在室温条件下,在 $10^{-3}s^{-1}$、$3\times10^{3}s^{-1}$ 和 $10^{4}s^{-1}$ 应变速率下的应变硬化能力,如图 5-14(c)所示。

在相同的加载条件下,梯度结构 CrCoNi-MEA 与均匀结构相比,展现出了与之相当的应变硬化能力。这表明,尽管梯度结构在微观尺度上呈现出显著的不均匀性,但这种不均匀性并没有削弱其整体的应变硬化性能。

对于 CrCoNi-MEA 而言,当材料受到外力作用时,高应变硬化能力意味着材料能够通过自身的结构来调整有效抵抗变形,从而维持较高的断裂伸长率和能量吸收能力。这种特性使得 CrCoNi-MEA 在承受复杂应力和应变环境的条件下,能够保持稳定的性能表现。此外,研究还发现应变速率对 CrCoNi-MEA 的应变硬化能力具有一定影响。在不同的应变速率下,材料的应变硬化行为呈现出一定的差异。

图 5-15(a)~(f)分别所示为在 $10^{-3}s^{-1}$、$3\times10^{3}s^{-1}$ 和 $10^{4}s^{-1}$ 的应变速率下,具有均匀和梯度结构的 CrCoNi-MEA 的拉伸断裂形态。对于均匀结构的 CrCoNi-MEA,其组织均匀性使得材料在不同应变速率下都能保持较高的断裂伸长率,断裂形态呈现出明显的韧窝特征,这表明材料在断裂过程中发生了显著的塑性变形。在高应变速率较高($10^{4}s^{-1}$ 和 $3\times10^{3}s^{-1}$)时,由于高应变速率的"冷"效应,断裂伸长率相对较低。此时,样品的断裂表面由撕裂峰面和凹坑断裂的混合物组成,如图 5-15(b)和图 5-15(c)所示。此时,断裂模式呈现出穿晶准解理断裂的特征。然而,当应变速率较低($10^{-3}s^{-1}$)时,材料的断裂伸长率达到最高,由撕裂峰组成的小平面消失。材料的断裂表面出现大量等轴韧窝,韧窝底部出现一些孔隙,如图 5-15(a)所示,表明 MEA 此时的断裂模式主要是穿晶韧性断裂,断裂机制是韧窝的成核、生长和聚集。

对于梯度结构的 CrCoNi-MEA,其断裂形态则呈现出更为复杂的特点。梯度结构的优势在于它不仅能提高材料的强度,而且在各种应变速率下都能保持一定的断裂伸长率。从拉伸断裂形态来看[图 5-15(d)~(f)],梯度结构 CrCoNi-MEA 的断裂面具有明显的梯度特征,即外层在边缘附近,断裂面呈现出解理断裂的特征,中间经过准解理特征的过渡区后,中心逐渐呈现韧性断裂-韧窝特征。通过对比均匀结构和梯度结构 CrCoNi-MEA 的断裂形态,可以发现梯度结构通过引入不同层次的力学性能和微观结构,使得材料在受力过程中能够更有效地抵抗断裂的发生。

(a)10⁻³s⁻¹退火条件　　　　(b)3×10³s⁻¹退火条件　　　　(c)10⁴s⁻¹退火条件

(d)10⁻³s⁻¹梯度结构　　　　(e)3×10³s⁻¹梯度结构　　　　(f)10⁴s⁻¹梯度结构

图 5-15　室温条件下 CrCoNi-MEA 断口形貌

5.4.2.2　100℃下 CrCoNi 中熵合金拉伸力学性能

在 100℃条件下，CrCoNi-MEA 在应变速率为 $10^{-3}s^{-1}$、$3×10^3s^{-1}$ 和 10^4s^{-1} 下拉伸的工程应力-应变曲线、真实应力-应变曲线、应变硬化曲线如图 5-16 所示，表 5-8 所示为相应的强度和应变值。与室温下的拉伸性能相比，梯度结构在 100℃下同样显著提升了 CrCoNi-MEA 的屈服强度和极限抗拉强度。值得注意的是，尽管断裂伸长率的权衡最小，但断裂后的能量吸收能力仍略有提高。

表 5-8　CrCoNi-MEA 在 100℃下拉伸力学性能的详细数据

应变率	材料的状态	屈服强度/MPa		极限强度/MPa		失效应变/%		能量吸收/$(×10^3 J/m^3)$
		工程应力	真实应力	工程应力	真实应力	工程应变	真实应变	
$10^{-3}s^{-1}$	退火条件	450.8	454.4	775.6	1269.7	74.1	55.7	491.2
	梯度结构	1123.4	1182.4	1222.0	1773.5	45.2	37.2	536.6
$3×10^3s^{-1}$	退火条件	448.5	472.7	697.5	987.6	46.6	38.3	265.4
	梯度结构	1136.1	1201.0	1174.7	1322.1	21.0	20.8	239.7
10^4s^{-1}	退火条件	484.0	496.4	635.6	883.5	58.1	45.8	293.9
	梯度结构	943.1	966.2	965.1	1145.8	24.2	22.0	216.3

然而，CrCoNi-MEA 在 100℃下的拉伸力学性能表现出与室温条件不同的特点，即 CrCoNi-MEA 在 100℃时表现出负应变速率敏感性，随着应变速率的增加，材料的屈服强度和极限抗拉强度反而呈下降趋势。这一效应在均匀结构和梯度结

构的 CrCoNi-MEA 中均有体现。具体而言，均匀结构的 CrCoNi-MEA 的极限抗拉强度从 $10^{-3}s^{-1}$ 的应变率下的 1269.7MPa 逐渐降低到 10^4s^{-1} 的 883.5MPa；梯度结构 CrCoNi-MEA 的极限抗拉强度从 $10^{-3}s^{-1}$ 的应变率下的 1773.5MPa 逐渐降低到 10^4s^{-1} 的 1145.8MPa。尽管存在负应变速率敏感性，但梯度结构 CrCoNi-MEA 在 100℃时仍然保持着较高的应变硬化率，从而保持较高的断裂伸长率和能量吸收能力。

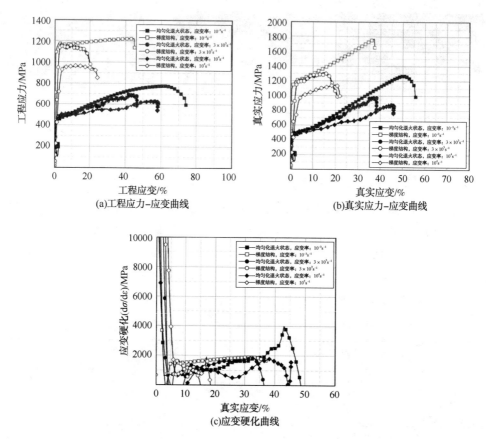

图 5-16 CrCoNi-MEA 在 100℃时的拉伸力学性能

图 5-17(a)~(c)(均匀结构 CrCoNi-MEA)和图 5-17(d)~(f)(梯度结构 CrCoNi-MEA)分别所示为应变率为 $10^{-3}s^{-1}$、$3\times10^3s^{-1}$ 和 10^4s^{-1} 时拉伸试样的断裂形态。可以看出，100℃下拉伸断裂表面与室温条件下的对应断口相似，具有均匀结构的 MEA 呈现出韧窝形态，倾向于韧性断裂，而梯度结构的 MEA 呈现出梯度断口形态。同时，高应变速率往往表现出准解理断裂特征。

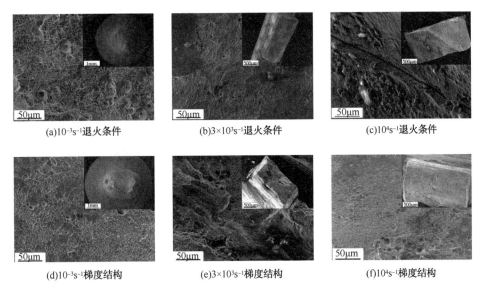

(a)10⁻³s⁻¹退火条件　　　(b)3×10³s⁻¹退火条件　　　(c)10⁴s⁻¹退火条件

(d)10⁻³s⁻¹梯度结构　　　(e)3×10³s⁻¹梯度结构　　　(f)10⁴s⁻¹梯度结构

图 5-17　100℃条件下 CrCoNi-MEA 断口形貌

5.4.2.3　200℃下 CrCoNi 中熵合金拉伸力学性能

所研究的具有均匀和梯度结构的 CrCoNi-MEA 在 200℃下不同应变速率下的拉伸力学性能曲线如图 5-18 所示，表 5-9 提供了与曲线相对应的关键数据。从工程应力-应变曲线和真实应力-应变曲线可以看出，与室温和 100℃条件下一样，梯度结构也提高了 CrCoNi-MEA 在 200℃下的强度，而不会损失塑性。

表 5-9　CrCoNi-MEA 在 200℃下拉伸力学性能的详细数据

应变率	材料的状态	屈服强度/MPa		极限强度/MPa		失效应变/%		能量吸收/($\times 10^3$ J/m³)
		工程应力	真实应力	工程应力	真实应力	工程应变	真实应变	
10^{-3} s⁻¹	退火条件	359.5	366.2	632.5	1082.4	80.9	59.2	433.3
	梯度结构	906.1	953.5	1210.1	2027.4	72.9	54.8	765.8
3×10^3 s⁻¹	退火条件	464.1	513.6	657.9	1010.3	57.7	45.5	327.6
	梯度结构	816.8	856.8	973.0	1122.7	20.8	19.1	177.5
10^4 s⁻¹	退火条件	575.5	644.9	682.8	971.8	51.8	42.2	308.1
	梯度结构	790.1	828.5	873.2	980.3	33.2	28.7	248.1

在均匀结构的 CrCoNi-MEA 中，应变速率对其拉伸力学性能的影响并不显著。虽然在高应变速率（3×10^3 s⁻¹和 10^4 s⁻¹）下，流动应力高于低应变速率（10^{-3} s⁻¹），但这种应变速率引起的强化效果并不显著。这可能是由于在较高温度下，材料的内部结构和力学行为发生了改变，导致应变速率对性能的影响减弱。然而，对于梯度结

构的 CrCoNi-MEA，情况则有所不同。在接近 200℃的温度下，其拉伸力学性能表现出一定程度的负应变速率效应。即在高应变速率下，CrCoNi-MEA 的强度会有所降低。

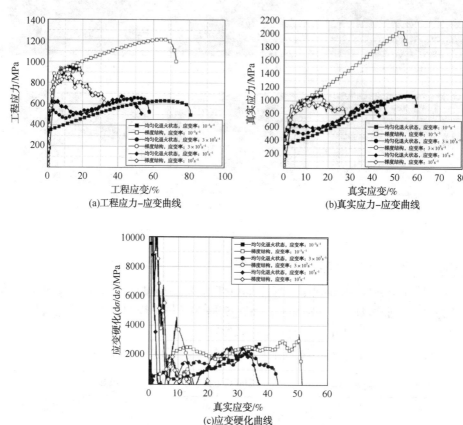

(a)工程应力-应变曲线

(b)真实应力-应变曲线

(c)应变硬化曲线

图 5-18　CrCoNi-MEA 在 200℃时的拉伸力学性能

在应变硬化能力方面，与前两个温度类似，CrCoNi-MEA 在准静态应变速率下具有更高的应变硬化能力。高应变速率下，均匀结构具有相对较高的应变硬化能力，梯度结构的应变硬化能力没有显著降低。

关于拉伸断裂形态[图 5-19(a)~(f)]，总体而言，200℃下的断裂形态与室温和100℃条件下的相似，其中均匀结构表现出明显的韧性断裂模式，而梯度结构表现出混合断裂特征。值得注意的是，与 100℃相似，梯度结构的 CrCoNi-MEA 在准静态条件下仍保持较高的断裂应变，因此其断裂形态也有明显的韧窝。

为了清晰地显示梯度结构 CrCoNi-MEA 在变形过程中的应变分布，我们对其在动态拉伸塑性变形过程中进行了数字图像相关技术（Digital Image Correlation, DIC）观测。图 5-20 所示为室温下 $3 \times 10^3 s^{-1}$ 应变速率下具有梯度孪晶结构的 CrCo-

Ni-MEA 的 DIC 特征照片。

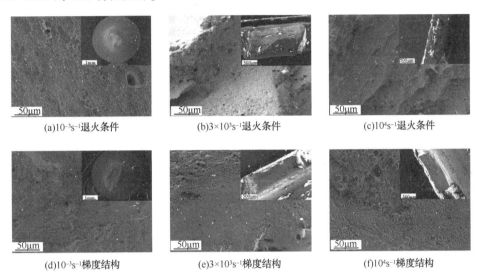

(a)10⁻³s⁻¹退火条件　　　　(b)3×10³s⁻¹退火条件　　　　(c)10⁴s⁻¹退火条件

(d)10⁻³s⁻¹梯度结构　　　　(e)3×10³s⁻¹梯度结构　　　　(f)10⁴s⁻¹梯度结构

图 5-19　200℃条件下 CrCoNi-MEA 断口形貌

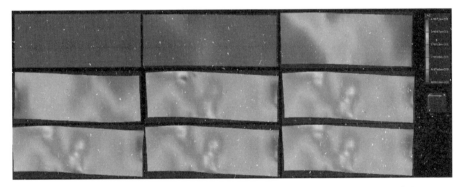

图 5-20　室温下 CrCoNi-MEA 在 3×10³s⁻¹应变速率下变形过程的 DIC 表征

从整个变形过程中可以看出，动态冲击波在拉伸过程中引起了试样标距截面形状的变化。值得注意的是，应变在材料中的形成和扩展过程呈现出明显的梯度特征。具体来说，应变首先在表面细晶区形成。细晶区由于其晶粒尺寸较小，更容易在受到外力作用时发生变形。随着变形的进行，应变逐渐从细晶区延伸到粗晶区，并最终贯穿整个试样。

5.4.3　CrCoNi 中熵合金拉伸力学性能分析

从图 5-14 至图 5-18 中，可以清晰地观察到在不同的温度和应变速率条件下，应变速率对具有均匀和梯度孪晶结构的 CrCoNi-MEA 拉伸强度产生的显著影响。应变速率效应通常强于温度效应。这意味着在相同的温度条件下，应变速率的变化对材料强度的影响更为显著。

应变速率对均匀结构和梯度孪晶结构的影响表现出不一致性。对于均匀结构，应变速率的增加可能会导致材料强度的提高，但这种提高的幅度可能受到温度等其他因素的制约。而对于梯度孪晶结构，由于其独特的组织结构，应变速率的变化可能引发更为复杂的力学响应。例如，高应变速率可能导致梯度结构中的不同区域以不同的方式响应变形，从而影响整体强度。

应变速率效应的本质是，更高的应变速率导致晶粒间滑移传播的连续性降低，晶界附近出现应力集中现象。这种应力集中增加了材料的变形阻力，从而提高了其强度。此外，梯度孪晶结构中的不同区域可能具有不同的滑移系统和变形能力，因此在高应变速率下可能表现出更为复杂的应力分布和变形行为。

可使用以下方程计算应变速率敏感系数，来定量说明应变速率对中熵合金强度的影响：

$$m = \left(\frac{\partial \ln \sigma}{\partial \ln \dot{\varepsilon}} \right)_{\varepsilon} \qquad (5-9)$$

式中　σ——流动应力；

　　　$\dot{\varepsilon}$——应变速率。

应该注意的是，根据方程(5-9)的定义，m 的值与应变大小相关。在本章中，应变速率敏感系数采用15%真实应变下的流动应力来计算。除非下面另有规定，否则给定的应变速率敏感系数对应于实际应变的15%时的值。图5-21所示为均匀结构和梯度结构 CrCoNi-MEA 在不同温度下的应变速率敏感性。可以看出，2 种结构在不同温度下的应变速率敏感性呈现出明显的差异，且图中所示的趋势与应力-应变曲线中的预期一致。

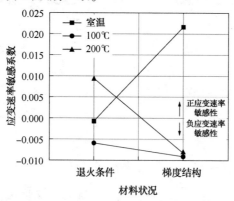

图5-21　均匀结构和梯度结构 CrCoNi-MEA 在不同温度下的应变速率敏感性

在室温下，均匀结构 MEA 通常对应变速率不敏感，而梯度结构 MEA 对正常应变速率表现出强的正敏感性，这种正敏感性意味着随着应变速率的增加，梯度结构 MEA 的强度也会相应增加。

当温度升高至100℃和200℃时，均匀结构 MEA 的应变速率敏感性不是很明显。然而，梯度结构 MEA 在高温条件下却展现出了相对显著的负应变速率灵敏度，即随着应变速率的增加，梯度结构 MEA 的强度反而会下降。

从微观角度看，金属材料的塑性变形是位错运动的过程，通常遇到两种类型的阻力：一种是短程应力的产生，如溶质原子的应力场和相对于位错的析出力。对于这些障碍，位错可以在热激活能的帮助下跨越势垒；另一种类型的障碍会产生长程应力，如位错网络、织构群等。这些障碍具有显著的影响，热激活很难发挥显著作用。

因此，基于热激活理论，可以推导出面心立方金属(FCC)的应变速率灵敏度公式为：

$$m = \frac{\partial \ln \sigma}{\partial \ln \dot{\varepsilon}} = \frac{\sqrt{3} KT}{\sigma V^*} \tag{5-10}$$

式中　K——玻尔兹曼常数；

　　　V^*——激活体积。

均匀结构的 CrCoNi-MEA 除在200℃时具有一定的正应变率敏感性外，在不同温度下的应变率敏感性均不太明显。这主要归因于高温引起的较高的激活能和较低的激活体积。在式(5-10)中，随着温度的升高，应变速率敏感性因子增加，这与其他一些中/高熵合金的研究结果相似。然而，在梯度结构中出现了不同的情况。CrCoNi-MEA 的梯度结构在室温下表现出显著的正应变速率敏感性，在高温下表现出一定程度的负应变速率敏感性。应变率敏感性与变形过程中位错的钉扎效应密切相关。众所周知，CrCoNi-MEA 的层错能(SFE)较低，并且在变形过程中容易引发 TWIP 效应，从而产生大量的变形孪晶。这将对位错运动产生钉扎效应，大大减少位错运动的平均自由程，提高均匀 CrCoNi-MEA 的应变速率敏感性。在室温下，CrCoNi-MEA 的 SFE 较低，孪晶成核速率较高，应变速率敏感性最高。然而，在高温条件下，温度的升高影响孪晶成核速率和位错的平均自由程，导致应变速率敏感性较低。

除了应变速率，温度也是影响材料力学性能的重要因素。对于 CrCoNi-MEA，温度显著影响其强度和韧性，但材料的温度敏感性与其微观结构密切相关。不同的微观结构会导致材料所表现出的温度敏感性存在显著差异。图5-22所示为在不同温度和应变速率下，CrCoNi-MEA 在13%应变下的应变硬化能力。

可以看出，在该应变下，应变速率对均匀粗晶 MEA 的应变硬化能力的影响有限，但其对梯度结构 MEA 的影响随着温度的升高而逐渐增加。对于均匀的粗晶 MEA，温度的升高显著降低了应变硬化能力，而对于梯度结构 MEA，温度升高会导致不同应变速率下的应变硬化能力差异较大。在高温高应变速率加载条件下梯度结构 MEA 的应变硬化率有时基本保持不变，进入稳定的塑性变形阶段。有学者认为，细晶材料和超细晶粒材料在高温或室温条件下的应变硬化率基本保持不变甚至为负值，可能是由位错的动态恢复、动态再结晶和残余内应力引起的。

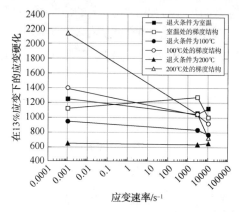

图 5-22　应变硬化能力与温度和应变速率的关系

随着温度升高，整体应变硬化能力降低。这是因为高温下位错恢复速率增加，而低温下位错动态恢复受抑制，导致超细晶在塑性变形中显示出明显的应变硬化行为。该结果还表明，如果 SPD 实验能够在低温下进行，则可以获得更高的位错密度、更小的晶粒尺寸（以及更高的孪晶密度）和更高的强度梯度孪晶结构 CrCoNi-MEA。

参 考 文 献

［1］赵鹏铎. 分离式霍普金森压剪杆实验技术及其应用研究［D］. 国防科学技术大学研究生院，2011.

［2］常列珍，潘玉田，张治民，等. 一种调质50SiMnVB 钢 Johnson-Cook 本构模型的建立［J］. 兵器材料科学与工程，2010,33(4)：68.

［3］杨王玥，强文江等. 材料力学行为［M］. 北京：化学工业出版社，2009.

［4］李国豪. 工程结构抗爆动力学［M］. 上海：上海科学技术出版社，1989.

［5］SMITH P D, HETHERINGTON J G, SMITH P D, et al. Blast and ballistic loading of structures［M］. Oxford：Butterworth-Heinemann, 1994.

［6］BRUCE R L. Blast overpressure prediction-modeling the uncertainties［J］. ASCE, Journal of

Structural Engineering, 1992.

[7] 徐慧, 杨靖海, 胡云昌. 可燃气体爆炸压力下海洋平台舱室围壁变形及破损计算[J]. 天津大学学报, 2000, 5.

[8] 许天旱, 张燚, 毕柳涵. 回火和冲击试验温度对套管钻井钢冲击韧性及断裂机理的影响[J]. 机械工程材料, 2023, 47(4): 40-44, 60.

[9] 周相海. 高强钢的冲击韧性、力学性能和疲劳裂纹扩展速率研究[D]. 沈阳: 沈阳航空航天大学, 2017.

[10] 蔺卫平, 仝珂, 刘养勤. 锤刃尺寸对管线钢冲击试验结果影响的探讨与分析[J]. 石油管材与仪器, 2021, 7(4): 27-30.

[11] 杨东, 姜紫薇, 郑志军. 高温高应变率下钛合金Ti6Al4V的动态力学行为及本构关系[J/OL]. 高压物理学报: 1-11.

[12] 王梓荻, 王建军, 王志华, 等. 基于超高温高应变率压缩试验方法的共晶高熵合金动态力学行为研究[J]. 塑性工程学报, 2023, 30(9): 93-103.

[13] MCLNTYRE A, ANDERTON G E. Fracture properties of a rigid polyurethane foam over a range of densities[J]. Polymer, 1979, 20: 247-253.

[14] DAVIES G J, SHU Z. Metallic foams: their production, properties and applications[J]. Journal of Materials Science, 1983, 18: 1899.

[15] 高鹏, 马自豪, 顾及, 等. CrCoNi中熵合金优异的高应变速率拉伸力学性能[J]. Science China(Materials), 2022, 65(03): 811-819.

[16] ZHENG Z, BALINT D S, DUNNE F P E. Rate sensitivity in discrete dislocation plasticity in hexagonal close-packed crystals[J]. Acta Materialia, 2016, 107: 17-26.

[17] WANG Y H, ZHANG Y B, GODFREY A, et al. Cryogenic toughness in a low-cost austenitic steel[J]. Communications Materials, 2021, 2: 44.

[18] ZHANG Z J, SHENG H W, WANG Z J, et al. Dislocation mechanisms and 3D twin architectures generate exceptional strength-ductility-toughness combination in CrCoNi medium-entropy alloy[J]. Nature Communications, 2017, 8: 14390.

[19] CHEN D M, WANG G, SUN J F, et al. Deformation behavior of tungsten wires enhanced Zr-basedbulk metallic glass composite at high strain rate[J]. Acta Metallurgica Sinica, 2006, 42: 1003-1008.

[20] WANG Y Z, JIAO Z M, BIAN G B, et al. Dynamic tension and constitutive model in Fe40Mn20Cr20Ni20 highentropy alloys with a heterogeneous structure[J]. Materials Science and Engineering: A, 2022: 142837.

[21] WANG Y M, HAMZA A V, MA E. Temperature-dependent strain rate sensitivity and activation volume of nanocrystalline Ni[J]. Acta Materialia, 2006, 54: 2715-2726.

[22] SHI X L, MISHRA R S, WATSON T J. Effect of temperature and strain rate on tensile behavior of ultrafine-grained aluminum alloys[J]. Materials Science and Engineering: A, 2008, 494: 247-252.

[23] CHANG C I, LEE C J, HUANG J C. Relationship between grain size and Zener-Holloman parameter during friction stir processing in AZ31 Mg alloys[J]. Scripta Materialia, 2004, 51: 509-514.

[24] SAKAI T, BELYAKOV A, KAIBYSHEV R, et al. Dynamic and post-dynamic recrystallization under hot, cold and severe plastic deformationn conditions[J]. Progress in Materials Science, 2014, 60: 130-207.

[25] RAHMAN K M, VORONTSOV V A, DYE D. The effect of grain size on the twin initiation stress in a TWIP steel[J]. Acta Materialia, 2015, 89: 247-257.

[26] JEONG H U, PARK N. TWIP and TRIP-associated mechanical behaviors of Fex(CoCrMnNi) 100-x medium-entropy ferrous alloys[J]. Materials Science and Engineering A, 2020, 782: 138896.

[27] VENABLES J A. Deformation twinning in fcc metals. 1964: 77-116.

[28] WEI Q, CHENG S, RAMESH T K, et al. Effect of nanocrystalline and ultrafine grain sizes on the strain rate sensitivity and activation volume: fcc versus bcc metals[J]. Materials Science and Engineering A, 2004, 381(1-2): 71-79.

[29] TANG F, SCHOENUNG J M. Strain softening in nanocrystalline or ultrafine-grained metals: A mechanistic explanation[J]. Materials Science and Engineering: A, 2008, 493: 101-103.

[30] GENKI H. Strain hardening and softening in ultrafine grained Al fabricated by ARB process [J]. Journal of Physics: Conference Series, 2010, 240: 12114.

第6章 ■▒▓

梯度结构CrCoNi中熵合金
未来研究趋势与工作展望

6.1 中/高熵合金的室温-高温强韧性

高强度中/高熵合金,尤其是以单相 BCC 结构占主体的难熔中/高熵合金拥有较高的室温强度和高温力学性能,具有优异的高温应用潜力,但往往只有较小的压缩塑性,具有满足应用标准拉伸塑性的合金体系更是少之又少。总体而言,难熔高熵合金存在一定的室温脆性,且普遍缺乏加工硬化能力。

高强度中/高熵合金高强低韧的特性导致绝大部分相关工作仍停留在研究压缩力学性能,对难熔高熵合金拉伸性能的研究很少。对拉伸性能的研究主要集中在 TaNbHfZrTi 体系,因为此体系为难熔高熵合金中室温塑性较好的合金体系之一,因此有众多研究工作针对该体系进行合金设计与微观组织调控,希望得到强度与塑性匹配良好的难熔高熵合金。例如 Huang 等设计的 TaxHfZrTi 难熔高熵合金,利用 TRIP 效应诱导亚稳态第二相(HCP 相)的形成,使体系内双相随应变进行动态分配,产生强烈的应变硬化效应,促进晶粒内部的塑性变形,有效地抑制了早期开裂,实现强度和塑性的结合。然而,囿于高强度高熵合金的晶格结构本质,变形方式普遍由螺位错滑移主导,如何进一步提升其韧塑性,大幅改善其加工硬化能力,一直是领域内工作者致力的目标。

对于在诸如飞机起落架、喷气发动机等极端环境下(超高温、超快加载速率)服役的结构材料而言,其耐冲击性能至关重要。绝热剪切局部化(AdiabaticShear Localization,ASL)是材料在冲击载荷作用下(如弹道冲击、碰撞等)的一种变形模式,这一现象通常发生在大剪切应变(>1)、高应变率(>10^3 s^{-1})等极端条件,导致应变局部化,使应变发生在宽度约为 1~200μm 的狭窄区域内，引起材料及结构的失效。

　　相比于传统合金，近年来应运而生的中熵合金(Medium Entropy Alloy, MEA)具有高强度(1.0~1.5GPa)、高塑性(延伸率>50%)，以及优异的应变硬化性能和显著的低温抗剪切局部化性能，为复杂条件下材料综合性能研究提供了巨大探索空间。然而，作为发动机涡轮叶片的备选材料之一，其高温力学性能非常重要。室温及高温状态下(>298K)MEA材料应变硬化能力显著下降，在高温-高应变率耦合加载条件下，ASL现象仍是MEA材料变形面临的挑战之一，导致剪切韧性与强度显著降低，如图6-1所示。ASL现象的产生是MEA材料及结构破坏的前兆，是导致材料受到冲击载荷时失效的重要原因，在很大程度上制约了MEA材料高温-高应变率极端环境中的应用。

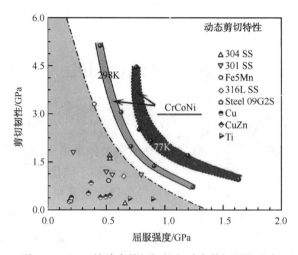

图6-1　MEA的冲击剪切韧性与动态剪切屈服强度

　　清楚了解MEA材料受到高温冲击载荷作用时的基本变形机制对于设计先进耐冲击结构至关重要。抑制MEA材料在高温—高应变率下的绝热剪切局部化现象对于其在极端条件下的工程应用具有指导意义，也是冲击动力学研究的关键问题之一。

　　绝热剪切局部化现象发生时，未耗散的塑性功导致明显的温升，因而CrCoNi-MEA材料在冲击载荷下的动态力学行为与准静态条件下完全不同。绝热作用可引起材料的热软化与应变局部化，形成绝热剪切带(Adiabatic Shear Band, ASB)等不均匀变形，导致高应变率下材料的破坏。大量研究表明，材料的绝热剪切局部化行为与其原始微观组织结构密切相关。袁福平课题组指出在动态剪切载荷作用下，具有不同微观结构的CrCoNiMnFe-HEA材料发生剪切局部化的临界应变不同，即材料的绝热剪切敏感性依赖于晶粒尺寸大小。郭亚洲团队指出剪切带产生的原因是晶粒转动所引起的材料局部软化，证实剪切带发生的顺序是应力坍塌→剪切带萌生演化→剪切带内温度升高→产生宏观裂纹，并与陈浩森课题组在实验结果的基础上，考虑应力状态建立了描述临界剪切应变的唯象模型。赵永好团队的研究进一步表明剪切带形成前微观结构储存的应变能会促进剪切带的增殖与发展。因此，CrCoNi MEA 材料承受冲击载荷时，微观结构是绝热剪切局部化现象萌生与剪切力学性能的决定性因素之一。

作为金属材料提升应变硬化能力的重要手段，双梯度结构是指材料的两种结构单元尺寸(如晶粒尺寸和孪晶间距)在空间上呈复合梯度变化，同时从纳米尺度连续增加到宏观尺度。袁福平与武晓雷课题组结合实验观测与数值模拟，指出双异质结构中/高熵合金比相应单异质结构展现出更优异的动态剪切性能，可推迟绝热剪切局部化的出现。在对 AlCrFeNiV 中熵合金构筑"晶粒–析出物"复合的双梯度结构后，发现双梯度结构具有协同强化/增韧效应，促使绝热剪切带萌生延迟且扩展减缓(如图 6-2 所示)，显著改善了中熵合金的动态剪切性能。针对 MEA 材料，研究人员在实验表征的基础上，通过晶体塑性有限元进一步揭示了双梯度结构的应变硬化机制。张旭课题组建立了一个包含位错滑移和变形孪晶的尺寸相关晶体塑性模型，实现模拟预测与实验数据的一致，并从机制上量化了各梯度微观组织对力学性能的贡献。宋旼研究团队结合实验表征和理论建模阐明多级梯度结构 CrCoNi-Mo 中熵合金潜在的强化和应变硬化机制。CrCoNi-MEA 材料在表面塑性变形过程中，利用其低堆垛层错能可形成"晶粒尺寸–孪晶密度"复合的双梯度结构。由于不协调变形沿梯度深度演化，所施加的单轴应力可转化为多轴应力，从而促进位错积累和孪晶界面相互作用，增强额外的应变硬化率。

因而，对中熵合金动态力学性能未来的研究应主要集中在以下几方面：

(1) 温度与应变率对梯度孪晶结构 CrCoNi 中熵合金剪切性能的影响机理；

(2) 梯度孪晶结构 CrCoNi 中熵合金高温-高应变率加载条件下绝热剪切局部化特性与产生判据；

(3) 梯度孪晶结构对 CrCoNi 中熵合金剪切局部化现象的影响机制。

冲击动力学是一门研究材料或结构在瞬变、动态载荷下的运动、变形和破坏规律的学科，在飞行器结构抗坠毁、动能穿甲弹等工程领域中都涉及到大量的冲击动力学问题。"十三五"以来，随着我国航空航天、国防军工重要领域不断发展，极端服役环境对中/高熵合金、钛合金等新型高品质结构材料提出了更高要求，这也是我国"十四五"期间新型金属材料创新发展的重要战略，因而对于材料冲击动力学行为的研究具有重要的科学意义和工程应用价值。

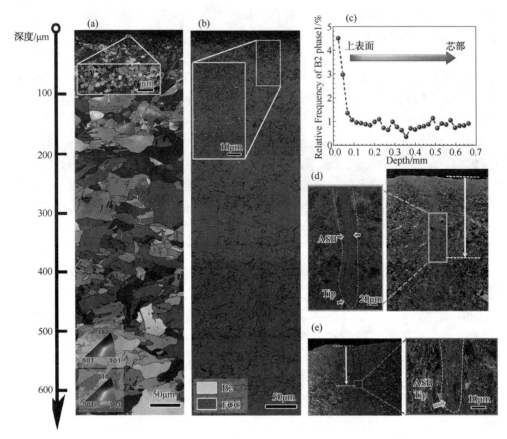

图 6-2 "晶粒-析出物"双梯度结构 AlCrFeNiV 中熵合金
(a)晶粒取向成像图，(b)相分布图，(c)B2 相体积分数分布，
(d)单梯度结构与(e)双梯度结构绝热剪切带的扩展

6.2 中/高熵合金在含能材料领域的应用展望

目前，高熵合金成分设计以传统的实验研究和相形成理论为主。但是，实验研究主要采用经验性的"试错法"，由于高熵合金的元素组成复杂多样，成分变化自由度高，导致该方法具有针对性不强、效率低等局限性。相形成理论是从热力学上对高熵合金进行成分设计，它能建立特定成分合金体系热物理参数和相结构之间的关联，但该方法都依赖经验参数，精度相对较差，尤其是对多相结构的预测。近年来，在对高熵合金的成分设计进行研究，以及对其性能进行预测时，往往采用基于第一性原理方法的理论计算方法。这种方法对于过往经验参数没有依赖性，它是通过自洽计算精确求解薛定谔方程，从而计算出材料的相关信

息(如几何性质、弹性性质和力学性能等)。

构建无序固溶体模型是进行高熵合金的第一性原理计算的基础步骤。当前，一种被广泛采用的方法是特定准随机结构(SpecificQuasi Random Structures，SQS)方法。这种方法以团簇扩展思想为基础，利用关联函数的概念，通过在一个相对较小的周期性超胞中构建模型，使得其中的原子关联函数近似于真实随机固溶体的关联函数，从而实现对材料结构的模拟。SQS方法已在众多高熵合金的成分设计和性能计算中得到广泛应用，并且其预测结果在准确性和一致性方面表现出较高水准。例如，张勇等人通过SQS方法构建了$CoFeMnNi_x$(x = Al，Cr，Ga，Sn)的无序晶体结构，运用第一性原理的方法计算了合金的原子磁矩，并从电子结构的角度解释了在CoFeMnNi中具有反铁磁性的Mn原子受到抑制，特别是因为Al改变了CoFeMnNi费米能级和流动的电子-自旋耦合，从而导致铁磁性产生。德国马克斯-普朗克研究所的Ma等人应用第一性原理研究了不同结构(Fcc、Bcc、Hcp)CoCrFeMnNi合金特性，并预测了合金的热力学性能。计算结果与实验研究有较好的一致性。因此，如何利用SQS方法准确定义结构函数，用于描述合金的构效关系，实现第一性原理设计高熵合金，并准确预测其性能是亟需解决的关键科学问题之一。

高熵合金在含能材料领域具有广泛的应用潜力和发展趋势。

(1)高能量密度：高熵合金具有高熵特征，可以提供更高的能量密度。未来的发展将致力于开发具有更高能量密度的高熵合金，以满足含能材料对能量输出的要求。

(2)热稳定性：含能材料在燃烧过程中会产生高温环境，因此高熵合金要具有足够的热稳定性，在高温环境下仍然能够保持结构的稳定，不产生明显的力学性能变化。研究人员将致力于改善高熵合金的热稳定性，以提高其在含能材料中的应用性能。

(3)抗冲击性能：含能材料通常会受到冲击或振动的影响，因此高熵合金要具备良好的抗冲击性能，能够抵御外部冲击和振动的影响。未来的研究将致力于改进高熵合金的抗冲击性能，以提高其在含能材料中的可靠性和安全性。

(4)具有调控能力的设计：高熵合金的组成可以通过调控合金元素的种类和比例来实现对材料性能的调控。未来的研究将侧重于利用先进的合金设计方法，以实现对高熵合金在含能材料中的特定性能的精确调控。

(5)制备技术创新：制备技术对于高熵合金在含能材料领域的应用至关重要。研究人员将致力于开发新的制备方法，如快速凝固、机械合金化、激光熔化等，以获得具有优异性能的高熵合金。

6.3 新型中/高熵合金应用前景展望

6.3.1 轻质中/高熵合金

随着汽车工业的快速变革以及节能减排对轻量化要求的进一步提升，轻质合金结构部件的需求和发展也发生了很大变化。轻质高熵合金可发挥质量轻、强度高的优势，用于替代汽车中结构板、座椅骨架，变速箱齿毂等部件，可以有效降低汽车重量，节省传统汽车石油消耗，提高新能源汽车续航能力。汽车工业使用了大量的轻质结构部件，我国每年的汽车用铝量超过 $5 \times 10^6 t$，再加上周边配套和下游零部件制造商，相关产业链的产值超过千亿元。此外，高性能轻质金属材料还可以作为航天结构材料的重要组成部分。目前，钛合金已在航空、航天及武器装备领域获得普遍应用，我国对钛合金的需求量以每年 $20\% \sim 30\%$ 的速度增加。传统钛合金存在的主要问题是使用温度受限，而轻质中/高熵合金由于添加了大量难熔元素，有望突破这一限制。随着航空航天器飞行马赫数的不断提高，对减重的要求越来越高，轻质合金的使用势在必行，而轻质中/高熵合金有望凭借其优异的综合力学性能满足这一需求。

6.3.2 耐高温难熔中/高熵合金

现役镍基高温合金受熔点的限制，在大于 1000℃ 的温度范围时其屈服强度急剧下降。耐高温难熔中/高熵合金在 1000℃ 以上温区仍具有优异的高温力学性能，有望弥补镍基高温合金在超高温领域的空缺，成为下一代航空发动机涡轮叶片材料。目前，由于大部分耐高温难熔中/高熵合金为非标产品，产品类型随下游需求变化而变化，因此，耐高温难熔中/高熵合金供应链相对较短，属于以技术为中心的领域，生产工艺复杂、研发资金消耗大、研制时间长，行业壁垒较高。航空、航天领域的设备更新及国产化为耐高温难熔中/高熵合金提供了主要的潜在市场需求，使耐高温难熔中/高熵合金成为航空发动机的潜在备选材料。未来 20 年，若航空发动机中耐高温难熔中/高熵合金的质量占比为 50%，我国民用航空飞机所需要的耐高温难熔中/高熵合金潜在的市场规模将达到 2000 亿元。

6.3.3 耐腐蚀中/高熵合金

与传统耐腐蚀材料如不锈钢、铜合金、铝合金、钛合金等相比，中/高熵合金具有高强韧、高耐磨、强磁性等优势，综合性能更强。这为耐腐蚀中/高熵合金的应用开拓了广阔的空间，有望成为结构-功能一体化材料。相较于陆地资源，海洋资源开发工作还远远不足，我国海岸线长、岛屿众多、领海面积广阔，这为我国经济发展、能源储备和资源利用提供了重要保障。耐腐蚀中/高熵合金可作为海洋工程和海洋装备的主要材料应用于船舶建造、海上平台建设等方向。例如，共晶中/高熵合金可用于舰船的螺旋桨，高强耐腐蚀中/高熵合金可作为舰船特殊零部件材料，耐腐蚀软磁中/高熵合金可用于海上风力发电设备中的磁性材料，耐腐蚀中/高熵合金涂层可作用于舰船壳体。同时，工业的发展对耐腐蚀材料的要求也越来越高，如石油化工、航空、航天领域材料需长期接触强酸等极端环境，高强耐腐蚀中/高熵合金可作为特殊的材料承受极高载荷并且避免腐蚀损伤；耐腐蚀软磁中/高熵合金可用于电磁阀中的关键磁性材料；优异耐腐蚀性能的中/高熵合金还可用于石油化工领域的管道材料。

6.3.4 耐辐照中/高熵合金

我国核技术应用产业作为战略性新兴产业，近年来发展迅速，是当前国防建设和国民经济发展中不可或缺的重要领域。核反应堆结构材料是核技术发展的基础和保障，但现有的结构材料难以承受先进反应堆内恶劣的工作环境，亟需设计开发出具有良好力学性能、高温性能及耐辐照性能的材料。基于中/高熵合金优异的耐辐照性能，现已提出两类面向先进核反应堆的中/高熵合金，即低中子吸收截面中/高熵合金和低活化中/高熵合金。其中，低中子吸收截面中/高熵合金有望替代反应堆内燃料包壳材料，而低活化中/高熵合金有望应用于反应堆压力容器、第一壁材料、包层材料等。

6.3.5 生物医用中/高熵合金

生物医用金属多用于制造骨科、齿科、介入支架等医疗领域中的各类医疗器械以及外科手术工具。2021年，我国高值医用耗材市场超过千亿元，其中骨科植入市场规模达340亿元，同比增长14%。因此，提升现有医用金属材料性能，发展新型医用金属材料，对进一步提升金属医疗器械的性能水平并扩大其医疗功能，提高相关产品的市场竞争力，造福广大患者，具有重要的现实意义。生物医用中/高熵合金凭借着高强度、高硬度、高耐磨耐蚀性、低弹性模量、良好的生物相容性等优势，可以应用于骨科植入、血管介入等方面，有利于提高我国金属医疗器械产品的国际竞争力。此外，中/高熵合金因其优异的综合性能有望在抗菌合金市场中取得一席之地。抗菌高熵合金可广泛应用于餐厨具、家电、食品工业、医疗器械、啤酒、奶类、制药等企业的设备管道和储罐等设施中。

6.3.6 共晶中/高熵合金

当前，我国特种舰艇朝大型化、高速化、静音化方向发展，对动力系统特别是推进装置提出了更高要求。螺旋桨是舰艇推进装置的核心部件，其制造水平直接影响舰艇的整体性能，其生产能力是一个国家造船水平的重要体现。螺旋桨在服役过程中面临的诸多挑战使得传统的铜合金、不锈钢等螺旋桨材料已不能满足下一代舰艇的性能设计要求，严重制约舰船装备的未来发展。舰船螺旋桨用高性能合金领域面临的重大技术需求和关键科学问题亟需解决，如传统铜合金和不锈钢材料制备技术已经达到极限，无法满足下一代舰船对轻质、高强、耐蚀的服役要求。共晶中/高熵合金具有优异的铸造性能、力学性能和耐海水腐蚀性能，工业应用潜力巨大，且相关研究比较成熟，在舰船工业领域具有重要应用前景和重大理论研究价值；还适用于一些对耐蚀需求较高的复杂形体铸件，如部分欧洲企业已经将其应用于石油化工领域的耐蚀部件。

6.3.7 耐磨中/高熵合金

耐磨材料在建材、火力发电和冶金矿山等工业领域的能耗和经济成本中占有较大比重；同时，在矿物、水泥、煤粉等工艺领域的生产过程中，机器设备会因零件的磨损而必须更换，因此，开发新型耐磨材料具有较大的现实意义。中/高熵合金的出现可以解决传统耐磨材料的性能瓶颈问题，成为高温、氧化、腐蚀等苛刻工况下服役设备的重要选材。耐磨中/高熵合金有望在磨球、衬板、破碎机锤头、履带板等领域得到应用。

6.3.8 储氢中/高熵合金

近年来，为实现碳中和、碳达峰目标，氢能及其相关产业受到高度关注，氢能需求不断增长，储氢材料行业市场不断发展。2020 年，我国储氢材料行业市场规模为 7.62 亿元，其中稀土储氢材料是目前唯一可以实现大规模商用化的储氢材料，市场规模为 6.9 亿元，占比为 90.55%；其他储氢材料市场规模为 0.72 亿元，占比为 9.45%。我国稀土资源储量丰富，为储氢材料行业的发展提供了充足的原材料市场保证，但储氢材料成本偏高成为制约其发展的主要因素。由多种非贵重金属元素组成的中/高熵合金具有显著的晶格畸变，原子半径的不同会产生较大的空隙位置，并且中/高熵合金多主元的特点增加了基体与氢的结合能，因此，中/高熵合金是一种有潜力的储氢合金，有望成为稀土储氢合金的替代品。

6.3.9　催化中/高熵合金

催化与人类生活紧密相关，现代化学工业、石油加工工业、能源、制药工业以及环境保护领域等广泛使用催化剂。随着落后产能的淘汰，我国化工催化剂行业产能利用率逐渐提高，传统的贵金属催化材料虽然催化活性好、稳定性高，但成本高且资源稀缺；传统的过渡金属催化剂存在催化活性低且易被氧化、不易储存等问题。相较于上述传统的催化剂，中/高熵合金催化材料具有过电位低、热稳定性强、动力学快以及成本较低等特点，在燃油、化工、医药、能源等领域具有潜在的重大应用价值。

6.3.10　软磁中/高熵合金

软磁材料是智能化时代的关键部件，主要应用于电网、光伏、储能、新能源汽车与充电桩、第五代移动通信技术（5G）、无线充电、变频空调、轨道交通、绿色照明等领域；在以高频、大功率、小型化为重要发展方向的高端消费和工业电子、云计算、物联网等新型基础设施建设领域应用前景广阔。近年来，新能源领域的快速发展，为软磁合金的应用打开了需求空间。全球磁性材料生产企业主要集中在日本和中国，其中我国的产量约占全球的70%。据磁性材料行业协会统计，2020年，我国磁性材料产业生产及销售的磁性材料约有 1.3×10^6 t，其中软磁材料为 2.9×10^5 t；预计到2025年，软磁材料的生产及销售将达到 4.89×10^5 t，市场规模为150.77亿元。

传统的软磁材料尽管具有优异的软磁性能，但其在耐蚀性、耐磨性、强塑性和高温抗氧化性能等方面仍未充分满足需求。中/高熵合金由于其成分设计范围更宽、微观结构灵活多变，可以使材料在具备优异的软磁性能的同时兼具耐蚀性、力学性能和高温抗氧化性中的多种性能，满足极端复杂条件下的使用。中/高熵合金在高频低损耗、腐蚀、摩擦、高温以及高负载等条件下具有较大的应用前景。

6.4　我国中/高熵合金领域存在的不足及发展建议

6.4.1　我国中/高熵合金领域存在的不足

（1）我国中/高熵合金高纯原材料依赖进口，威胁产业链安全

我国短缺的高纯原材料有9种：U、Fe、Mn、Al、Sn、Pb、Ni、Sb、Au；

严重短缺的高纯原材料有 8 种：Cr、Cu、Zn、Co、Sr、K、B 以及 Pt 族元素等。此类原材料的储量较低，新增产量不足，与迅速增长的市场需求形成了极大的差距，致使高熵合金使用成本增加，限制了其进一步的发展。以 Co 为例，全球的资源总量约为 7.6×10^6 t，然而资源分布极度不均，主要分布于刚果（金）、澳大利亚等国家和地区，我国占比仅为 1%，严重依赖进口。Co 作为高熵合金中最常用的元素之一，国内严重短缺的高纯原材料将威胁相关产业链的安全。

（2）国内企业重视程度不够，"产学研用"合作不紧密

我国企业对中/高熵合金材料的重视程度不够，没有跟上国外企业相关的研发进度。企业和研究机构缺少健全的科研合作体系，以企业为主导的研发机制仍需要进一步完善，"产学研用"合作不紧密。相关科研单位的研发投入经费少，人才队伍建设不完善，缺乏激励政策和研发平台，科技人员创新动力不足。另外，由于缺少用于原始创新和基础研究的"产学研用"合作平台，大量创新成果仅停留在实验室研究阶段，缺少高效的研发平台将基础性研究成果进行验证和中试放大，推动科研成果的快速转化和产业应用。

（3）理论仿真能力不足

中/高熵合金可选择的元素种类众多，因此中/高熵合金体系数量也非常庞大，为此，通过模拟仿真对高熵合金成分进行筛选是一个重要的研究方向。然而，国内对于中/高熵合金数据库搭建的重视程度不够，如开发新型高熵合金所使用到的热力学数据库与相图计算软件大多来源于美国、瑞典等国家，在一定程度上使中/高熵合金材料的研发受制于人。我国中/高熵合金领域尚缺少行之有效的模拟计算能力，难以精确预测其结构和性能，中/高熵合金的理论数据库搭建和仿真能力有待进一步完善。

（4）中/高熵合金的应用与评价体系有待完善

目前国内所研究的中/高熵合金多是在实验室条件下进行的成分探索和性能研究，科研成果的工程化和推广应用较慢，新兴高熵合金制造技术与国家优先发展领域目标匹配有待进一步提高。虽然我国现已发现的高熵合金成分体系数量众多，但是没有进行系统梳理以及分类。同时，我国在新材料性能评定、生产技术、标准规范等方面的建设相对滞后；大量性能优异的中/高熵合金体系的自主知识产权掌握在国外，我国中/高熵合金领域在知识产权方面存在欠缺。

6.4.2　发展建议

（1）加强中/高熵合金材料的顶层设计，完善产业政策

结合国家材料产业战略布局和高质量发展目标，构建以企业为主体的自主创新体系，推进中/高熵合金领域国家重点实验室的资源整合和规划布局势在必行。与世界高水平研发机构接轨，加强中/高熵合金核心技术研发，建立自主知识产权。加速中/高熵合金领域成果产业化，建立高校与科研、产业化之间的衔接机制。鼓励标准化机构面向国家科研及产业化项目提供标准化咨询和支撑服务，覆盖项目立项、实施、推广应用、试点示范等全链条。激励骨干企业带动创新企业，加大研发投入，弥补技术短板，积极应对国际市场的竞争。

（2）加强企业和科研机构的对接和沟通

依托国内外高校和科研院所的专家学者开展咨询，构建集研发、生产、应用于一体的健康绿色发展格局。实施创新人才发展战略，构建中/高熵合金相关产业的精尖人才体系；同时，鼓励本领域创新团队积极开展国际合作与交流，在经济上给予大力扶持。鼓励企业构建规范高效的人才管理制度，培养适应企业生产又高度自主创新的人才团队。加强行业协会、科研机构和高校的联系，组建与企业对口的精尖人才后备团队，定期对国内外中/高熵合金研发和应用需求进行调研和评估。加强科研-生产-消费-再科研循环体系建设，实现科研在前、生产随后，相辅相成从而稳步向前的发展目标。

（3）完善中/高熵合金材料标准、测试、表征、评价体系

建立支撑中/高熵合金产业高质量发展的标准体系，开展中/高熵合金材料标准领航行动，加大先进金属材料基础研发、关键战略合金材料及前沿新型中/高熵合金材料标准的有效供给，进一步发挥标准化对整体高熵合金产业的发展和质量变革的引领作用。完善新材料测试、表征、评价体系，建立国家级中/高熵合金测试评价平台，构建新型中/高熵合金材料测试评价体系，解决其测试评价的瓶颈和短板问题。大力发展自主认证和品牌检测能力，不断提升国际竞争力。

（4）推进人才队伍建设

实施创新人才发展战略，加强中青年创新人才和团队培养，采用柔性引进等灵活政策，建立国家级高熵合金协同创新中心，培养自主创新人才队伍，培养一批学科、专业技术带头人，有效提高人才要素在产业科技创新中的活跃度和推动作用，提升自主创新能力，实现中/高熵合金材料的快速工业化应用。

（5）降低材料成本，打造高附加值产品

中/高熵合金目前工业化进度缓慢，其主要原因在于过高的原料成本和生成成本。未来应在政策上鼓励科研院校和相关企业进行科技研发、产品创新和品牌建设，进一步提高从业人员的科技创新能力和水平，全力打造高附加值产品，促进产品融入全球高端制造业供应链。建议通过"产学研用"合作，从降低材料的生产成本方面着手，打造低成本高熵合金牌号，优化品种结构，提高国际竞争力。应积极拓展高熵合金应用领域，通过开展合作研发和示范应用项目，推动中/高熵合金在实际应用中取得更多突破。

参 考 文 献

[1] O. N. Senkov, S. L. Semiatin. Microstructure and Properties of a Refractory High-Entropy Alloy after Cold Working[J]. Journal of Alloys and Compounds, 2015, 649: 1110-1123.

[2] HUANG Hai-long, WU Yuan, HE Jun-yang, et al. Phase Transformation Ductilization of Brittle High Entropy Alloys via Metastability Engineering [J]. Advanced Materials, 2017, 29(30): 1701678.

[3] 王先珍, 王一涵, 俞嘉彬等. 高熵合金性能特点与应用展望, 精密成型工程, 2022, 14(11): 73-80.

[4] G. A. He, Y. F. Zhao, B. Gan, et al. Mechanism of grain refinement in an equiatomic medium-entropy alloy CrCoNi during hot deformation, *Journal of Alloys and Compounds*, 2020, 815: 152382.

[5] Y. Ma, F. P. Yuan, M. X. Yang, et al. Dynamic shear deformation of a CrCoNi medium entropy alloy with heterogeneous grain structures, *Acta Materialia*, 2018, 148: 407-418.

[6] X. L. Wu, M. X. Yang, P. Jiang, et al. Deformation nanotwins suppress shear banding during impact test of CrCoNi medium-entropy alloy, *Scripta Materialia*, 2020, 178: 452-456.

[7] M. X. Yang, L. L. Zhou, C. Wang, et al. High impact toughness of CrCoNi medium-entropy alloy at liquid-helium temperature, *Scripta Materialia*, 2019, 172: 66-71.

[8] A. Fu, B. Liu, Z. Z. Li, et al. Dynamic deformation behavior of a FeCrNi medium entropy alloy, *Journal of Materials Science and Technology*, 2022, 100: 120-128.

[9] S. Zhu, Y. Guo, Q. Ruan, et al. Formation of adiabatic shear band within Ti-6Al-4V: An in-situ study with high-speed photography and temperature measurement, *International Journal of Mechanical Sciences*, 2020, 171: 105401.

[10] Y. Guo, Q. Ruan, S. Zhu, et al. Dynamic failure of titanium: Temperature rise and adiabatic shear band formation, *Journal of the Mechanics and Physics of Solids*, 2020, 135: 103811.

[11] S. Zhu, Y. Guo, H. Chen, et al. Formation of adiabatic shear band within Ti-6Al-4V: Effects

of stress state, *Mechanics of Materials*, 2019, 137: 103102.

[12] S. Qin, M. Yang, P. Jiang, et al. Superior dynamic shear properties by structures with dual gradients in medium entropy alloys, *Journal of Materials Science and Technology*, 2023, 153: 166-180.

[13] Z. Yang, M. Yang, Y. Ma, et al. Strain rate dependent shear localization and deformation mechanisms in the CrMnFeCoNi high-entropy alloy with various microstructures, *Materials Science and Engineering A*, 2020, 793: 139854.

[14] S. Liu, Y. Guo, Z. Pan, et al. Microstructural softening induced adiabatic shear banding in Ti-23Nb-0.7Ta-2Zr-O gum metal, *Journal of Materials Science and Technology*, 2020, 54: 31-39.

[15] 卢柯. 梯度纳米结构材料, 金属学报, 2015, 51(1): 1-10.

[16] S. Qin, M. Yang, Y. Liu, et al. Superior dynamic shear properties and deformation mechanisms in a high entropy alloy with dual heterogeneous structures, *Journal of Materials Research and Technology*, 2022, 19: 3287-3301.

[17] Z. Zhang, Y. Ma, S. Qin, et al. Unusual phase transformation and novel hardening mechanisms upon impact loading in a medium entropy alloy with dual heterogeneous structure, *Intermetallics*, 2022, 151: 107747.

[18] X. Lu, J. Zhao, Z. Wang, et al. Crystal plasticity finite element analysis of gradient nanostructured TWIP steel, *International Journal of Plasticity*, 2020, 130: 102703.

[19] X. Zhang, J. Zhao, G. Kang, et al. Geometrically necessary dislocations and related kinematic hardening in gradient grained materials: A nonlocal crystal plasticity study, *International Journal of Plasticity*, 2023, 163: 103553.

[20] X. Zhang, Y. Gui, M. Lai, et al. Enhanced strength-ductility synergy of medium-entropy alloys via multiple level gradient structures, *International Journal of Plasticity*, 2023, 164: 103592.

[21] J. W. Yeh, S. K. Chen. S. L. Lin, et al. Nanostructured high entropy alloys with multiple principal elements: novel alloy design concepts and outcomes, Advanced Engineering Materials, 2004, 6(5): 299-303.

[22] 叶均蔚. 高熵合金的发展. 华冈工程学报, 2011, 27: 1-18.

[23] 宋鑫芳, 张勇. 高熵合金研究进展. 粉末冶金技术, 2022, 40(5): 451-457.

[24] Y. M. Jiao, X. Li, X. S. Huang, et al. The identification of SQS/SQE/OSC genefalilies in regulating the biosynthesis of triterpenes in potentilla anserine. Molecules, 2023, 28(6): 2782.

[25] F. Tian, L. Delczeg, N. Chen, et al. Structural stability of NiCoFeCrAlx high-entropy alloy from ab initio theory. Physical Review B, 2013, 88(8): 085128.

[26] A. Zinger, S. H. Wei, L. Ferreiral, et al. Special quasiran domstructures, Physical Review Letters, 1990, 653: 353.

[27] T. Zuo, M. C. Gao, L. Ouyang, et al. Tailoring magnetic behavior of CoFeMnNix (x = Al, Cr, Ga, and Sn) high entropy alloys by metal doping, Acta Materialia, 2017, 130: 10-18.

[28] D. Ma, Ab initio thermodynamics of the CoCrFeMnNi high entropy alloy: Importance of entropy contributions beyond the configurational one. Acta Materialia, 2015, 100: 90-97.

[29] 卜文刚, 梁秀兵, 胡振峰等. 高熵合金在含能材料领域的智能设计及应用展望. 智能安全, 2023, 2(4): 81-90.